烘焙職人

解構40款 經典麵包美味技法

鍾瀚億——著

推薦序

烘焙師傅在製作產品時多以麵粉品牌為歸屬，較少針對麵粉的特性作探討。台灣進口麵粉約整體麵粉使用量的 2%，絕大多數麵粉是以進口小麥磨製而成，在進口小麥中，主要來自美國（佔 75 ～ 90%），其次是澳洲（佔 10 ～ 25%），少量來自加拿大（約 5%）。由於進口國與氣候的不同，產生小麥差異性，加以在各種麵粉製造時為得到品質的穩定性並滿足客戶需求，需經由配粉與借重對麵粉進行化學性及物理性分析方可達成。

聯華麵粉是我退休前最後服務的公司，也是目前國內麵粉銷售量最大的公司，鍾瀚億師傅當初經由本人面試進入聯華擔任烘焙技師，專門負責客戶服務工作，所服務的客戶遍及東南亞與中國，其因對原料與加工的了解都能勝任，而且一一的幫客戶解決問題，為聯華麵粉做最好的推廣。

很高興看到鍾師傅在聯華工作期間，用心了解磨粉製程、麵粉理化性質和製做產品互動的關係，加上努力研究試做，建立了使用麵粉的良好基礎，以其求新求變的精神，把 EMBA 學來的市場觀念以及麵粉特性，融入到產品的推廣上，為客戶解決問題，因而受到好評。今天他更把經驗寫成專書分享，雖然僅從吐司、貝果、可頌及丹麥類等產品開始，但產品的新穎性，口味的豐富性，必能嘉惠讀者。

中華穀類食品工業技術研究所
董事　景虎士

推薦序

要做一個好吃的麵包，從材料的選用、攪拌的方式、發酵方法到整型與烤焙都是息息相關。而想成為一位烘焙職人，要花很多時間在職場練習，經過無數次從嘗試錯誤中累積經驗，成長知識，因此這不但是毅力的考驗，也磨出職人耐心，才能把每個過程做到完美的境界。

鍾瀚億師傅的職涯是由麵包學徒開始，學習中時常做重複的工作長達半年他都不喊累，因而磨出他的耐心，通過師傅的考驗。在他的演講中説到「在業界，光有學習的心還不夠，還要有堅定的毅力，學技術不能半途而廢，別因覺得累就輕易放棄」，紮實的基本功淬鍊意志，因此他努力充實自己，進而轉為研發職，並且升到管理階層，能夠走出不一樣的路，靠的是「隨時保持敏鋭思維、關注產業發展」。

製做麵包當中，麵粉可説是其中的靈魂。如何認識麵粉、選擇對的麵粉去對應麵包製作方法，才能做出風味好，外觀漂亮的產品，這是職人需要融入的專業技巧與知識，尤其對原料單純的吐司、貝果及高成分的裹油麵包可頌、丹麥等產品都是很大的挑戰。鍾師傅把在業界多年歷練的技術與經驗，融合在麵粉廠當研發、客服對麵粉了解與運用的知識，分享在本書中 40 種不同風味的最新產品，每一類 10 種產品，除利用不同麵粉特性制定產品配方外，他還收集了很多麵包的文化，希望給予讀者閱讀本書不但學到了製做好吃麵包的同時，也了解各種麵包背後的文化。

中華穀類食品工業技術研究所

施坤河所長

推薦序

美國小麥協會台北辦事處，在台灣已成立 56 年，是一個非營利事業組織。其主要活動在於推廣優質美國小麥及美國小麥製品，服務範圍包含從美國農場的小麥開始到製成消費者餐桌上的小麥製品。美國小麥協會與台灣烘焙業的發展可説是息息相關，從早期的南港烘焙班、穀研所的設立、及持續提供烘焙專業人士赴美受訓交流，美國小麥協會皆很榮幸能參與其中。

烘焙是一門科學，更是一項藝術。在台灣，能夠懂得烘焙專業技術、從小麥生產到製成麵粉的專業知識、並兼具商業管理知識的烘焙師傅如鳳毛麟角，而鍾大師可説是箇中翹楚。我與瀚億大師相識近六年，並很幸運能多次與他合作推廣優質烘焙產品。在每次的講座及烘焙實作活動中，均為其豐富生動、深入淺出且專業的講演感到折服。

本書並不同於坊間一般的烘焙書籍，除了教導讀者如何製做好吃的麵包外，瀚億大師更不藏私地將其多年從小麥到麵粉、麵粉到麵包到餐桌的許多經驗，穿插其中分享給大家，並給讀者正確及專業的知識。相信讀者在讀過本書後，定能體會瀚億大師全心投入本書的用心，並且收穫滿滿。

台灣這幾年受到 Covid-19 疫情影響，許多人開始體會到居家烘焙的重要性，瀚億大師此書適時上市，定能嘉惠許多對這方面有需求的讀者。本人也深感榮幸，能受瀚億大師邀請，為本書寫序推薦。

USW's mission is to develop, maintain, and expand international markets to enhance wheat's profitability for U.S. wheat producers and its value for their customers in more than 100 countries. Its activities are made possible through producer checkoff dollars managed by 17 state wheat commissions and cost-share funding provided by USDA's Foreign Agricultural Service.

美國小麥協會 台北辦事處
處長 陳柏元

陳柏元

推薦序

「身為專業的烘焙師傅一定要打破以往的傳統」，這是聯華製粉的烘焙技師鍾瀚億師傅掛在嘴邊的一句話，適時地提醒自己，不忘記初衷。

鍾瀚億師傅在大學時才開始接觸到烘焙職類，到後來成為原物料的專業烘焙師，這一路是付出了許多心力及努力，且他深知時代在變化，如若不提升觀念及學習新技術，就會被時代所淘汰，因此「取之於社會、用之於社會」，他希望能夠透過這本專業的書籍和大家分享他的成功以及心力路程。

他也知道在業界的師傅們都很了解食譜配方的完整及黃金比例，但卻不一定了解麵粉的特性，因為了解麵粉特性後，那又是一個全新而獨特的新配方，這本書便是鍾瀚億師傅運用不同麵粉性質調配黃金比例撰寫從配方到手作烘焙產品，來分享給各位業界的先進與後輩，真心推薦值得珍藏。

醒吾科技大學餐旅管理系主任
金牌主廚　許燕斌 副教授

作者序

當踏上這趟旅程——成為烘焙職人的開始，重點不在結果，而是在選擇了這條路的初心，因為一時投入的熱誠有可能隨著身心疲乏、遇到挫折導致學習技術的路上半途而廢。萬事起頭難，就像寫這本烘焙書時複雜且困難的心情一樣，要怎麼樣更深入了解自己的專業跟想法，透過架構去整理過往混亂的思維，再將主體呈現給讀者。

烘焙職場的路上沒有捷徑，早期必須從一個埋頭苦幹、刻苦耐勞、抗壓性高的學徒開始做起，到成為能獨當一面作業的師傅，一路走來如此艱辛。學習的過程中，要了解麵包是有生命的，透過你的雙手作為橋樑與麵包對話，它會感受到你的用心，這樣你所做出來的麵包就會有屬於個人的特色，因為這個麵包裡蘊含著你的感情。

從小我就非常喜歡吃麵包，常常流連在麵包店櫥窗前注視著金黃飽滿、圓滾滾、各式各樣的麵包，在暖色燈光照射下，那股誘人的麵包香氣深深吸引著我，溫馨的小確幸便從心裡油然而生，從此開啟了我人生的烘焙之道。經歷傳統麵包店當學徒、連鎖咖啡店麵包烘焙、西餐廳、五星大飯店的洗鍊，在烘焙技術上終於有一定的水準，對於學術理論也非常感興趣並不斷研究，後來有機會進入聯華製粉擔任烘焙技師一職。不同於過往都待在生產製作麵包崗位，麵粉廠裡的工作完全不一樣，雖然不脫離原本麵包師傅本質，但是可以學到更多有關於麵粉的專業知識，了解一顆小麥如何經過研磨變成麵粉，再經由儀器測定所得數據圖表來將各麥種的特性進行比例分配；這跟我們在製作麵包、西點、蛋糕的烘焙百分比（%）有異曲同工之妙，原來麵粉本身就有屬於自己的一個配方，可以依照產品、店家、食品工廠、生產線機器而去配出獨特的專用麵粉供消費者使用。在麵粉廠裡，我把自己歸零成學徒，慢慢地，一點一滴去了解各麥種的特性，同時還碰觸到製做麵包技術以外的行銷面工作。

在麵粉廠，我所擔任的工作不單單只是針對各麵粉特性去研發烘焙產品，由於新開發的產品需配合國內外行銷業務們去推廣，讓我可以常態性遊走於馬來西亞、新加坡、泰國、香港、澳門、中國等地做技術服務。為了讓自己的視野更上一層樓，只要有國際烘焙比賽，我也積極參與，幾番波折努力拿到成績後的那份成就感，讓我更加喜歡現階段的表現。麵粉廠為提升人才專業能力，讓我參與了一次由美國小麥協會舉辦的研討會，遠赴至美國奧勒岡州波特蘭總部進行為期兩週的技術研討會，進一步了解小麥原產地從栽種、收割、初步化驗、輪船下麥、送至台灣港口並由麵粉廠進行研磨調配比例的過程與 know-how，這些難能可貴的經驗，我都想藉由本書分享給讀者們。

透過本書的章節內容，從初學者到專業烘焙師傅都非常適用。麵包製作內容循序漸進、由淺至深，帶領讀者一一操作，經由主編、出版社建議以吐司、貝果、可頌、丹麥類的麵包產品為主要麵包類別，除此之外，再加上大眾對於麵粉不熟悉的知識做簡易的圖解補充，喜歡麵包的讀者可以一邊學習做烘焙，同時學習到麵粉特性的小常識。即便是入門初學者，只要依照本書的製作步驟多多練習，有朝一日也會製做出屬於自己的美味麵包。烘焙一點也不困難，而求知的慾望是無限的，希望能透過本書，傳遞我投入在烘焙職場及麵粉廠的那股熱情和感動，讓讀者深刻感受到手作烘焙的魅力。當烘焙職人遇見品味美食的人，定會倍感欣慰。

本書謹獻給所有喜歡烘焙動手製做、探求知識的讀者及專業人士們。

目錄
Content

Chapter 2

TOAST 吐司

Chapter 3

BAGEL 貝果

Chapter 4

Croissant 可頌

Chapter 5

Danish Bread 丹麥

走在麵包烘焙這條路上

人生路上，總是要做出很多選擇，特別是職場上，各式各樣的羈絆或誘惑時不時總想逼近，企圖拉扯我們的堅毅、左右我們的決定，多數人會因此而改變前進的方向，重新摸索新的道路，但其中也有人不為所動，自始至終秉持相同的理念和熱情，走在一條沒有分岔線的單行道上，勇往直前。麵包師傅鍾瀚億，就是這樣的一個人。

在準備嘗試製作鍾師傅為本書所準備的 40 種創意麵包之前，先讓我們來認識一下這位帥氣的麵包師傅吧！

選擇烘焙產業這條路，一切都是出自於對麵包、蛋糕、西點的喜愛。大學時期，我唸的是食品營養學系，第一次上烘焙課接觸到麵粉與原料、混合製作出一系列食品時，從那一刻開始，就被那份幸福的烘焙香味給深深吸引。畢業後，憑藉著一身的熱情和執念，我從一般傳統麵包店小學徒做起，技術工算是吃力不討好的基層工作，一開始薪資收入也不穩定，等於是硬著頭皮就踏入烘焙這個職場。那段起步拼搏的歲月，是集時間、精神、體力、毅力、抗壓於一身的磨練；古人所說的「勞其筋骨、苦其心志」，我完全能體會語中之精髓。

「麵包師傅本身就是一個吃體力的工作，我們在跟時間賽跑。」

隨著時代一年一年在進步，烘焙的原物料和技術也跟著推陳出新、不斷在演變，相較於傳統的烘焙業及技術人員，如果自身不轉型、更新觀念和學習新技術，那麼在新舊時代交替的過程中，故步自封的人往往會被時代的洪流淘汰，新人取而代之，而那些守舊的從業技術人員，最終只能被迫黯然離開這個曾經讓他們發光發熱的場域。

**因此我意識到，想要在競爭激烈的產業中求生存，
一定要強化自身的學理、素質、涵養。**

長年下來，我觀察到很多問題，感觸也很多。許多師傅長期隱身在麵包店後場製作產品，鮮少出來面對消費者，所以麵包師傅很會做麵包，也能根據市場不斷改變口味、依消費者的喜好去創造新口味，每日產能或許都達標，可是重點來了，學了一身好技術但不會賣。如果是自己的店，沒有將全數產品賣完，每丟掉一個麵包就等於把鈔票往外扔，是不會再回來的。看到這種種狀況，我心想，一定要超前部署提升自己的專業能力和內在涵養；機會是留給已經準備好的人，而不是留給正在準備中的人！

機會是留給已經準備好的人，而不是留給準備中的人！

正是因為那一份不甘心、不低頭、好學心，適時將自己逼入絕境，然後解放、從中再度成長，我決定進入 EMBA 碩士在職班接受學術殿堂的洗禮。各位，你知道嗎？從一個傳統麵包店小學徒到獨當一面的麵包主廚，需要多大的努力！當時，我遇到生平最困難的一件事，就是要寫一本碩士論文才能畢業。我以為只要像大學一樣修滿 128 個學分，就算沒過再找時間補修就能順利畢業，事實上不是，是我太無知了。不過，唸研究所的那兩年，我一一想辦法克服這些難題：從定題目到找指導教授每個禮拜碰面討論內容，從目錄、大綱、搜尋國內外看得懂的文獻，一個字一個字把它敲出來，然後發表前三章，最後跑完統計軟體，按照國際 APA 格式撰寫論文……指導教授再三叮嚀論文千萬不能抄襲，否則後果自負，我將初稿印出反覆校稿，最後，經過三位口試委員 final 而順利通過論文審查，取得了商學碩士。

身為一個麵包師傅，一定要打破以往的傳統。

我認為，身為一個麵包師傅，一定要打破以往的傳統，在學術、理論兼備之下，才會有新的契機出現。往後的每年，我也要求自己一定要考取一至兩張專業證照來提升自己在產業的競爭力和價值。回想從一般烘焙產業進入聯華製粉時，又遇到一個難題，那就是師傅對於製作產品的食譜配方很了解，對於商業產品或許大致上都懂，然而麵粉本身的特性不見得了解，因為麵粉本身原物料的特性，又是全然不同的獨特配方。

記得有一次，聯華指派我參加美國奧勒岡州波特蘭的美國小麥協會所舉辦的麵包研習會，那一次經驗讓我大開眼界。跟著當地美國人學習道地的美式麵包，了解當地市場通路，吃遍坊間美式麵包坊和參觀大型中央麵包工廠讓我獲益良多，頓時間又覺得自己變渺小了。雖然英文溝通不會太難，但還是得加上比手劃腳的肢體語言來表達；不過，就算是跟外國師傅溝通不順暢也沒關係，師傅之間的烘焙語言，我們彼此都懂。後來，我也常態性在世界各國往返，時不時到東南亞、馬來西亞、港、澳、中國大陸等地觀摩學習，將我所看到的異國文化及料理，運用創新的方式置入到烘焙裡。不論現在或是未來，我都將致力於手感烘焙的推廣，結合更多的先進後輩，將烘焙所見所聞回饋給所有人，取之於社會、用之於社會。

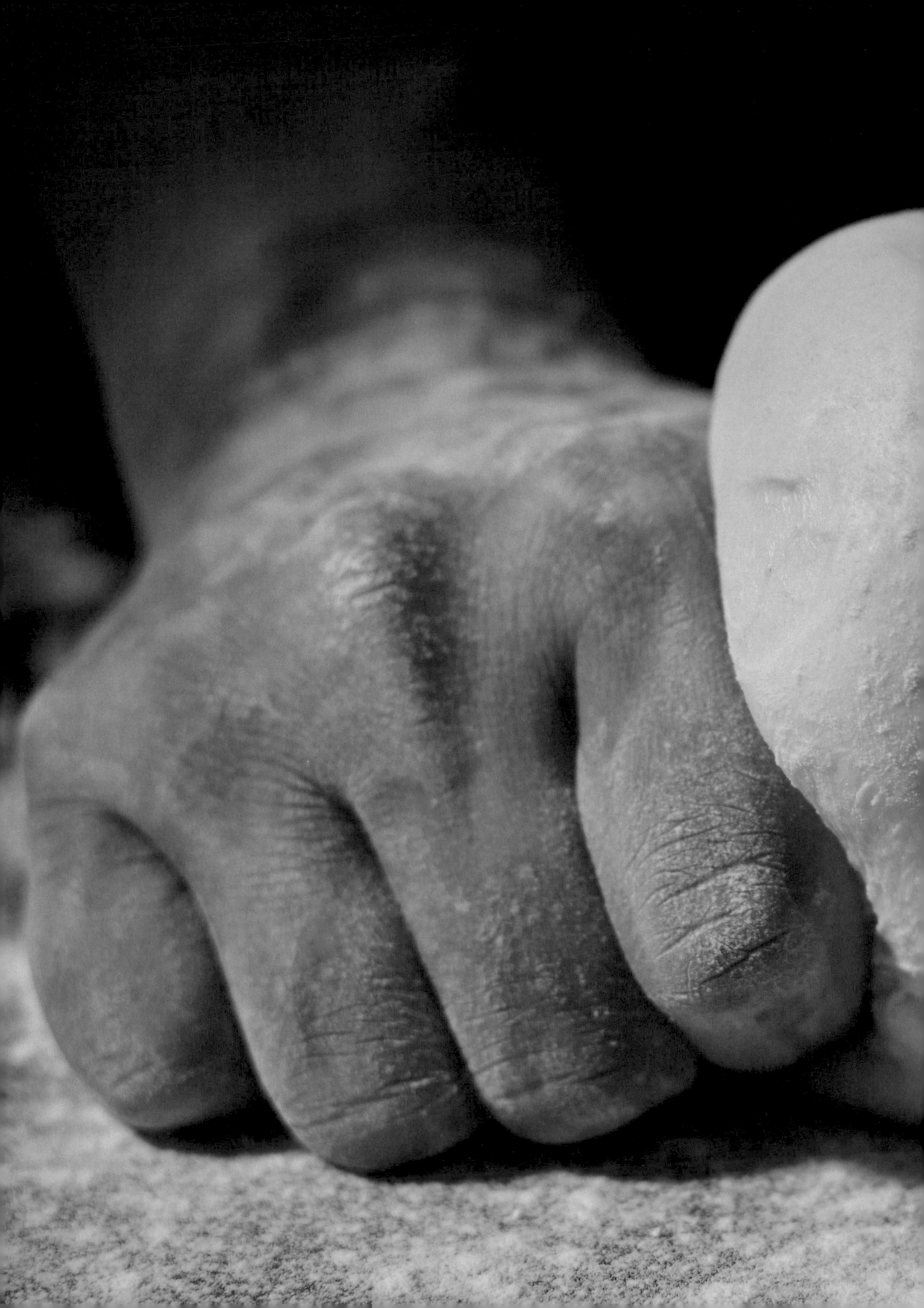

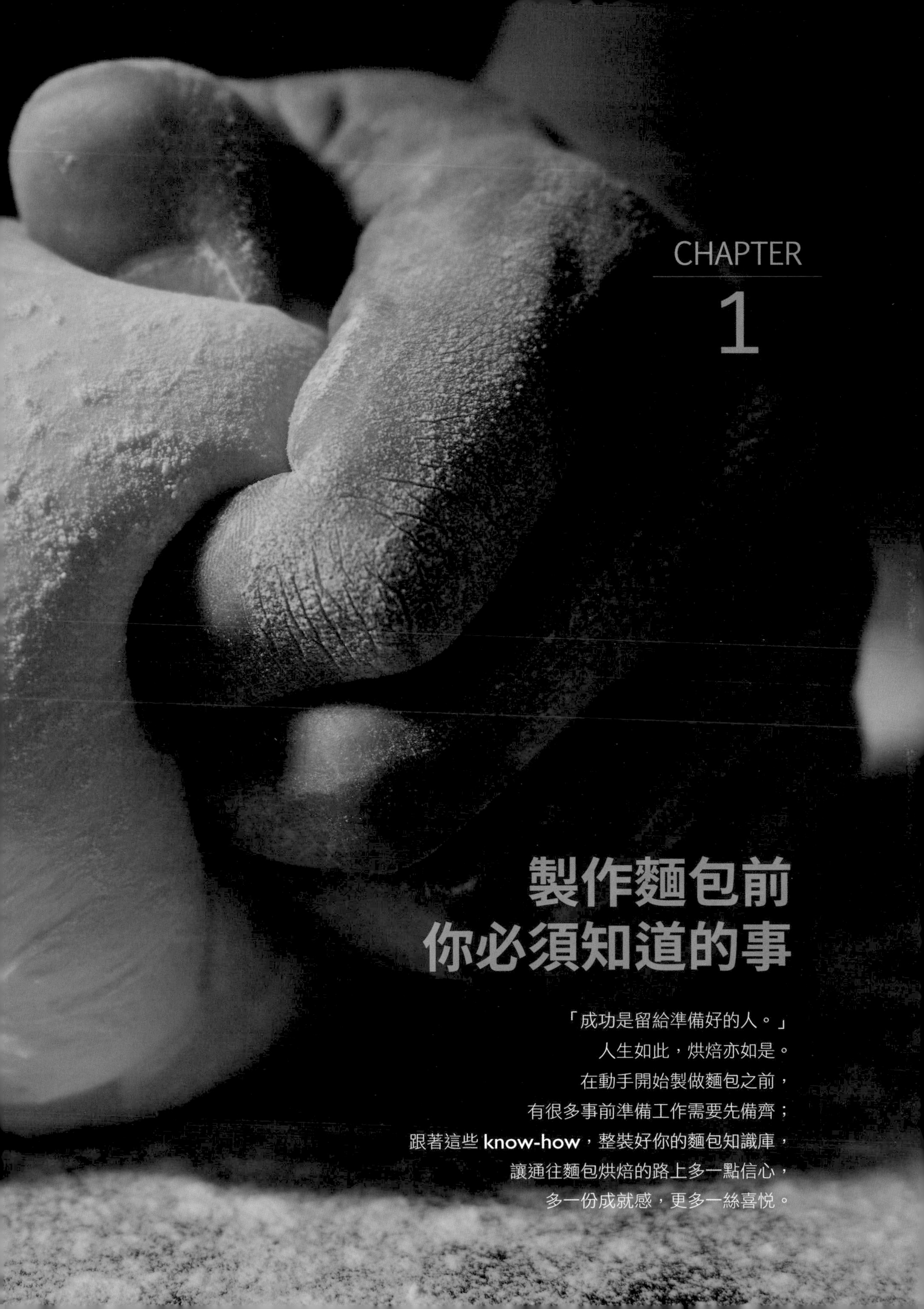

CHAPTER

1

製作麵包前
你必須知道的事

「成功是留給準備好的人。」
人生如此，烘焙亦如是。
在動手開始製做麵包之前，
有很多事前準備工作需要先備齊；
跟著這些 **know-how**，整裝好你的麵包知識庫，
讓通往麵包烘焙的路上多一點信心，
多一份成就感，更多一絲喜悅。

麵包烘焙基本用具

吐司烤模
鋼盆
圓型烤模
烤盤
圓型壓模
造型壓模
匙
立體造型壓模
計時器
溫度計
管型烤模
NIKIN
TIMER CLOCK
非供交易使用
TANITA
電子秤
鐵尺
冷卻架
耐熱手套
耐熱烤膜

麵包烘焙基本用具

拉網刀
整型刀
小刮板
包餡匙
篩網
粉毛刷
毛刷
擀麵棍
保鮮膜
1 1/2"
38.1mm

麵包製作的基本材料

片狀奶油
高筋麵粉
法國麵粉
低筋麵粉
乾酵母
無鹽奶油
鹽
無水奶油
糖

糖的挑選與烘焙運用

細砂糖

由甘蔗和甜菜榨出的糖蜜製成的精糖。細砂糖色白、乾淨、甜度高，是日常生活經濟又實惠的營養來源，在麵包、西點、蛋糕中扮演著不可或缺的重要角色：白細砂糖作用在烘焙食品中易溶解好操作，具有保濕、延緩產品老化、柔軟組織、梅納反應加深褐變作用（產生自然焦糖色素，產品色澤均勻，提升表體香氣），非常適合添加在要求內部組織純色的烘焙產品裡（生吐司、天使蛋糕）。

紅糖 & 黑糖

在製糖廠會依甘蔗糖漿濃度配方比例不同而有紅糖與黑糖的區別，紅糖的甘蔗糖漿比例稍低。兩者在特性上都屬細緻、易溶解，所以也被稱作微晶糖。這兩種糖沒有像白細砂糖經過精煉，在純度上比較低，同時也保留了不少礦物質及維生素，風味上的表現獨特且可以聞出淡淡的香氣，加上甜度也比白細砂糖低，黑糖可直接拿來食用，製成即食便利的沖泡飲，作為中藥的藥引或烘焙食品所需。

海藻糖

海藻糖的甜度較蔗糖低，不像蔗糖、果糖吃了容易產生甜膩感。它是一種雙糖，大部分存在於自然界的動植物中，例如：藍綠藻、昆蟲等，都可以發現海藻糖的存在，它能幫助生物度過嚴峻無水的環境，有「生命之糖」的稱號。由於海藻糖具有安定性、耐酸性及較佳的吸濕性，因此被運用於烘焙產品中，可以讓產品更加保濕、延緩產品老化、組織蓬鬆。

果糖

果糖是一種「容易被吸收的單醣」，易溶於水。一般水果及根莖類植物都含有果糖，是甜度最高的天然糖類，比蔗糖高。由於不易結晶，大多會製成「高果糖糖漿」，多半以玉米澱粉為主原料，經酵素水解、轉化形成不同果糖濃度的糖漿。因甜度高於蔗糖，在商業產品製作時可以節省用量，且又為液態，方便在配方比例調和，受到飲料業者廣泛使用，用於烘焙食品時多半添加在製作餡料中。

蜂蜜

蜂蜜是蜜蜂採集植物的花蜜、分泌物或蜜露後，在蜂巢中經時間釀造而成的天然蜜漿，呈半透明、帶光澤、濃稠的液體，顏色為淡黃色、橘黃色或黃褐色。蜂蜜主要成分為葡萄糖和果糖兩種單糖，比起蔗糖更容易被人體吸收，除此之外還含有各種維生素、礦物質和胺基酸。蜂蜜為液態狀，在食品比例調合好操作、易溶解，可運用在烘焙食品本身及製作餡料來提升香氣及口感。

楓糖漿

楓糖是由楓樹木質部汁液製成的糖漿，能製作糖漿的楓樹，以糖楓、紅楓和黑楓最常被用來萃取，在寒冬季節，由於楓樹在樹幹和根部儲存大量澱粉，這些澱粉在春天會被轉化成為糖類儲存在樹幹汁液中，製糖人在楓樹樹幹上鑿洞，楓樹汁液便會沿著洞口流出，將收集到的汁液加熱蒸發掉大部分的水分後，即得到濃縮的楓糖漿。通常運用在烘焙食品添加或直接搭配食物當淋醬食用（法式煎吐司、鬆餅、沖泡飲）。

麥芽糖

麥芽糖主要存在於發芽的穀粒，特別是麥芽中，故得此名稱。麥芽糖是米、大麥、小麥、粟、玉米經發酵製程中在澱粉轉化酶的作用下，澱粉發生水解反應生成的就是麥芽糖，呈現白色針狀結晶，易溶於水，甜味比蔗糖低約三分之一，多運用在糖果、牛軋糖、中式點心內餡、蛋糕、果醬、甜點、冰品、烹煮、蜜汁燒烤。

西點轉化糖漿

轉化糖漿是由蔗糖水解精煉而成，其特性類似蜂蜜，品質穩定，可抑制烘焙產品內的糖分產生結晶；由於保濕性佳、甘甜不膩口，還可以降低烘焙產品中自由水的活性，更可抑制霉菌繁殖，使產品較不易發霉延長保質期。運用在麵包中可使組織柔軟、綿密、保濕性好，延緩澱粉老化、拉長賞味期，更具發酵之香醇味道。

油脂的作用

增添麵包的香濃美味是第一個目的，奶油、乳瑪琳、酥油、豬油等具有強烈香氣及風味油脂，都會直接反映並呈現在麵包上。

想要做出獨特香氣或風味的麵包時，請將奶油、乳瑪琳、橄欖油等具強烈風味特色的油脂放入麵糰配方，在此必須要考慮的是，如何選擇適合麵包風味的油脂，也必須考量與其他材料間的相容性，愈是具有強烈味道及香氣的油脂，若沒有巧妙的運用，反而會是減分的反效果。

另外，也有些烘焙產品會添加像雪白油般完全無色、無味、無臭油脂來呈現較潔白的外觀或內部組織，油脂屬於柔性原料，添加在麵糰中除了增添烘烤過後麵包的味道及香氣之外，也具有延緩澱粉老化、保水性、柔軟內部組織、增加麵糰延展性。

麵粉小知識

如果說水是孕育人類生命的泉源，那麼在製做麵包的世界裡，麵粉就是最基礎的「素材」。麵粉是如何製成的？製做麵包應該選擇哪一種麵粉？要弄懂這些看似簡單又有點複雜的問題，不如就透過簡單的圖示來了解關於麵粉的小知識吧。

小麥構造

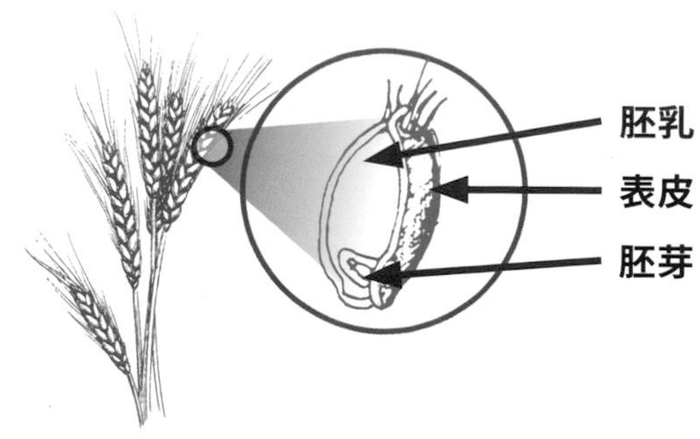

胚乳（佔麵粉約 83%）、表皮（佔麵粉約 15%）、胚芽（佔麵粉約 2%）

小麥製作步驟

1. 入倉：小麥搭火車進入工廠麥倉。

   分別放置於高筋麥倉、中筋麥倉、低筋麥倉三個不同的麥倉。

2. 篩選：將小麥裡的雜質、石頭及麥梗過濾剔除。
3. 潤麥：為了讓小麥更好研磨，必須先軟化小麥（洗澡的概念）。
4. 研磨、過篩：經過多次研磨，小麥愈來愈細，最後變成粉末狀，也就是「麵粉」！

5. 檢驗：磨成麵粉後還需要經過多道檢驗程序，檢驗通過後才能進行包裝、出貨。

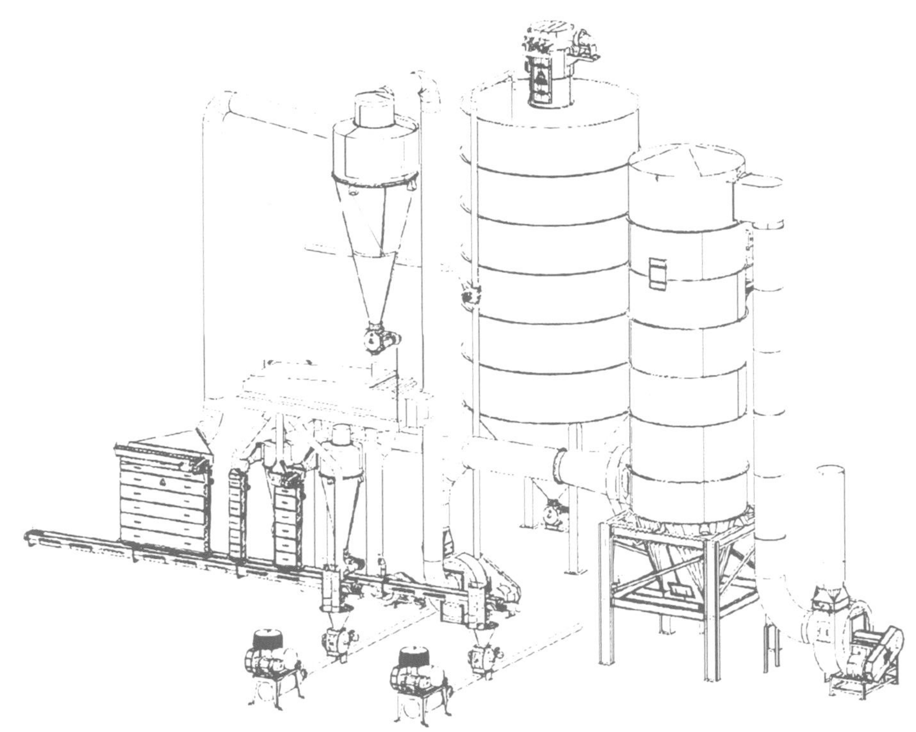

6. 包裝、出貨：依小麥三種類別將麵粉分為高筋麵粉、中筋麵粉、低筋麵粉不同包裝。

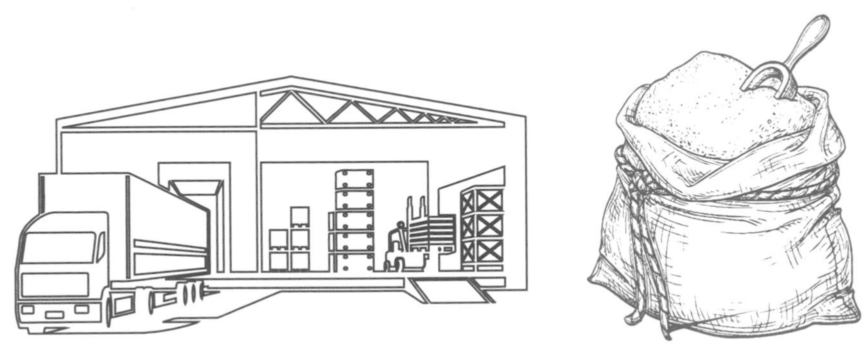

麵粉可以做什麼？

高筋麵粉：漢堡、丹麥麵包、法國麵包、吐司。

中筋麵粉：包子、泡麵、水餃、蔥油餅。

低筋麵粉：蜂蜜蛋糕、杯子蛋糕、餅乾、酥餅、鯛魚燒。

酵母的種類

天然酵母

所謂天然酵母指的是以自然菌種作為發酵源，非人工化學合成。天然酵母不同於商業酵母都是以工業上特定的菌種、以單純方式培養生成、再經由通路方式販賣，而是以穀物、蔬菜或是果實作為培養，沒有特定多數的酵母或細菌類培養出的就是天然酵母。

新鮮酵母

市售的新鮮酵母，多半是單純培養出適用於麵包的國產酵母，在麵包的製作上，其用途廣泛，無論是哪一種麵包麵糰都適用，特別是含較多砂糖配方的甜麵包最能發揮其功用。

乾燥酵母

乾燥酵母源自於歐洲。最初是由新鮮乾燥而成的粒狀物質，經常使用在以法國麵包代表 LEAN 類（低醣低油配方）的硬質麵包上（低醣酵母），因為乾燥酵母可以增添發酵物的香味成分，特別是麵糰在發酵階段時，其香氣會遠勝於使用新鮮酵母的麵糰，後期也被商業量化，為烘焙業店家廣泛使用。

另一方面以 RICH 類（高糖高油配方）如甜麵包就使用高醣酵母，高糖油的甜麵包柔軟綿密，另一個原因是水分高的關係，當麵糰內的水分濃度變高（溶解了大量的砂糖和鹽），會因滲透壓而使酵母內的水分流出造成細胞被破壞而失去原來的發酵能力，而高醣酵母中含有大量的轉化酶（invertase 蔗糖分解酵素），轉化酶活性很強，能迅速地將麵糰中的砂糖（蔗糖）分解成葡萄糖和果糖，將此作為酵母自身的營養來源來促進發酵能力，不會因滲透壓關係破壞細胞壁而失去活性。

麵包基礎操作流程

1. 攪拌

主要是將配方中所有原料混合攪拌成麵糰，過程中澱粉中的大、小顆粒經由吸水（水合作用）膨潤，藉由物理攪拌摩擦所產生的熱能將麵筋發展建全，形成網狀結構組織即為麵糰的完成階段。

2. 發酵

麵糰中所添加的酵母會利用粉類或自體存在的酵素，將蔗糖及澱粉分解成果糖或葡萄糖，而糖類就是成為酵母的營養來源，經由吸收後消化排出的物質就是二氧化碳、香氣成分（有機酸）、乙醇（芳香性酒精），其中二氧化碳就是使麵包膨脹的主要因素。

3. 翻面

麵糰經過基本發酵後脫氣整平，以 3 折 1 次的方式進行翻面，主要是將麵糰中的空氣和二氧化碳的大氣泡分散成均勻的小氣泡，使麵糰內部結構更為細緻，一方面刺激麵糰中的麵筋組織強化麵筋的抗拉強度（筋膜張力），二來增強酵母的活性產生更多的二氧化碳，促進麵糰發酵及充分膨脹成體積較蓬鬆的麵包。

4. 分割滾圓 & 鬆弛

將基本發酵好的麵糰進行切麵分量所需之克重，滾圓收口麵筋收緊必須靜置鬆弛，經由短暫的等待至恢復彈性後，再進行麵糰的包餡和整型。

5. 整型

中間鬆弛後恢復彈性的麵糰，可根據麵糰的性質決定施予不同的角度力道，和包入各種樣式的餡料來製作麵糰最終的形狀，而經由拍、壓、擀、捲、折、捏也會有不同口感的生成。

6. 最後發酵

麵糰包餡或整型後，內部空氣排出麵筋會再收縮使組織緊密，經過最後一道發酵程序使麵糰重新充滿氣體，烤焙後獲得鬆軟的麵包。

7. 劃刀 & 表面裝飾

烤焙前，將麵糰表面割出紋路或刷上蛋液撒上裝飾物做點綴。

8. 烤焙

麵糰完成最後發酵階段，內部組織已達到最佳保氣狀態和柔軟，具有良好的彈性及伸展性，此時的麵筋網狀結構在最後發酵過程中的二氧化碳已完全被包覆住，均勻地分佈在麵糰中，將麵糰放進烤箱烘焙，即可得到最終美味的麵包產品。

基礎麵糰做法

製作麵包有很多需要注意的關鍵步驟，
其中最息息相關的，就是製做麵糰。
不同的麵包口感，
要運用不同的麵糰做法來進行發酵，
才能獲得最佳成品和風味！

1. 直接法

直接法就是將所有原料直接攪拌搓揉製作，也是最簡單最快速的製作方式，乾性原料與濕性原料以適當的比例添加。直接法做出來的麵包成品一樣柔軟可口，很適合剛開始學習做麵包的新手或是時間不多的人。

麵糰攪拌→基本發酵→分割滾圓→中間鬆弛→整型＆包餡→最後發酵→烤箱烤焙→成品冷卻

2. 中種法

中種發酵法是在麵糰製作過程中將配方中的麵粉和副原料分為兩部分來操作，第一次攪拌時取麵粉百分比中的 50% ～ 80%，第二次攪拌為主麵糰的操作，取麵粉百分比中的 20% ～ 50%；麵粉總量為 100%。

第一部分攪拌的麵糰稱為中種麵糰，中種麵糰完成先進行一次較長時間的發酵，再跟主麵糰材料混合攪拌至麵筋完成階段。

中種麵糰攪拌基本發酵→中種加入主麵糰攪拌→分割滾圓→中間鬆弛→整型＆包餡→最後發酵→烤箱烤焙→成品冷卻

3. 裹油麵糰（直接法）

裹油麵糰的製作與直接法相同，其中因裹油麵糰在製作時配方百分比的總加水量較低的關係，酵母的種類可選擇使用新鮮酵母；如果是用乾燥酵母，可將水與乾燥酵母先攪拌溶解再倒入麵粉，較硬的麵糰以慢速來攪拌至麵糰呈光滑無顆粒面即可。

麵糰攪拌→基本發酵→脱氣整平→冷凍＆冷藏→麵糰裹油→壓延折疊→裁切＆整型＆包餡→最後發酵→烤箱烤焙→成品冷卻

4. 水燙（貝果）

貝果麵糰是以直接法來製作，配方中的加水量相對較少屬硬質麵包，再經由水燙的方式讓貝果提早形成外皮，以利後續烘焙時避免貝果過度膨脹變成鬆軟的麵包，水燙的同時讓貝果表面糊化提早形成的麵包皮，再經由烤箱烘烤後形成外觀有光澤、口感帶有韌性，藉由這兩個因素產生貝果的特殊口感。

水燙貝果時，表面的澱粉粒吸水糊化溶出澱粉，水燙時間很短約 30 ～ 60 秒，溶出的澱粉依然糊在表面上，後續經由烘烤讓貝果表面的澱粉質硬化乾燥形成麵包皮，因麵包外皮的硬實強度使貝果內的氣泡不容易膨脹，最後形成貝果組織密實而具有嚼感。再來是貝果用油較少，產生的麵包皮是水溶澱粉而產生的硬殼回潮後變得堅韌但不會有酥脆感。水燙的時間會影響麵包外皮的厚度跟強度，時間愈短則較鬆軟，時間愈長則氣體膨脹愈不容易，成品就會密實而有嚼感。

麵糰攪拌→基本發酵→分割滾圓→中間鬆弛→整型＆包餡→最後發酵→水燙→烤箱烤焙

麵糰製程用詞

揉合	使用機械進行混合、攪拌製做麵包的材料，以及包括手工揉麵的過程，藉由這些動作促進水和，並且提升麵糰的筋度及柔軟度，改變麵糰中的氣泡結構。揉合的步驟是決定麵包品質的重要關鍵之一。
攪拌不足	機械攪拌或手揉麵糰時，材料混合攪拌時間不足，造成麵糰筋度形成不完全，烘烤出的麵包會較不蓬鬆、缺乏彈性。
攪拌過度	麵糰攪拌過度會造成麵筋結構遭到拉扯斷裂，因而讓麵糰失去彈性。
麵糰終溫	麵糰經過攪拌至完成階段，插入溫度計測量所得的溫度。麵糰最終溫度會影響發酵的程度，所以要控制好麵糰溫度，可以從作業環境、原料儲存溫度、冰塊、冰水、攪拌時間等去觀察。依據不同麵包種類和製法都會有所改變，以標準的麵糰終溫，大多在 26 ~ 28° C 之間是最理想的發酵溫度。

基本發酵	在分割滾圓之前讓麵糰進行發酵，過程中酵母會產生二氧化碳生成氣泡，由小麥蛋白質攪拌後產生的筋膜將氣泡包覆起來讓麵糰產生膨脹，提高麵糰的柔軟度及延展度。此外，酵母和乳酸菌也會為麵包增添香氣及風味，因此基本發酵時間的拿捏是決定麵包優劣的重要工程之一，第一次基本發酵的理想環境條件溫度約 28° C、濕度 75%。
排氣整平	以手按壓讓麵糰排除多餘的氣體，並提供酵母新鮮的氧氣，在發酵過程中藉由折疊、按壓麵糰可以刺激麵筋提升麵糰的彈性，而排氣整平按壓的力道也會影響麵糰中氣泡的增減，以及麵包最終成品的口感。
烤焙	將最後發酵好的麵糰放進烤窯、烤箱中烘焙，過程中麵包外皮褐變熟成、內部組織變得蓬鬆柔軟，這些都取決於烘焙的技術是影響麵包品質最後重要的關鍵因素。
損耗率	麵包在烘烤的過程中，水分子因高溫會蒸發，減少的比率，損耗單位為百分比 %，可以作為判斷麵包烘焙程度的標準，依不同種類的麵包，理想的數值也不相同，一般標準烘焙損耗率約落在 10 ~ 11%。
外皮	麵包經由烘烤熟成後的麵包皮、麵包邊，剛出爐時麵包外皮的質地乾燥而且脆弱，經過一段時間，由於吸收了環境空氣中及組織內部的水分會變得較有彈性、韌性，也會增加造成嚼勁十足，但如果麵包不經過包裝保存一直曝露在空氣中，外皮會變得更硬韌難以入口。
內部組織	麵包內部氣孔的形狀不同會帶來各種多變的口感，麵包氣孔是好吃麵包體濕潤有彈性的因素，也是製作過程中最關鍵的課題之一。
氣孔	麵包組織內裡的氣泡網狀結構，也就是在麵包切面可看見的大小氣泡形狀與分布狀態，依各麵包種類而有所不同。
老化	隨著時間造成麵包口感變粗、變乾、變硬，而失去美味的一種現象，這是由於澱粉質地老化所導致。使用柔性原料較多如油脂、砂糖、雞蛋製成的麵包，或以中種法製作的麵包，老化的速度通常較慢，而麵包在溫度約 4° C 中會加速老化，因此在冷藏之後，麵包的口感會變得較差。

CHAPTER

2

TOAST 吐司

英國大文豪莎士比亞的《溫莎的風流婦人》一劇，
是最早描述敬酒慶祝文化的文學作品，
其中一幕的台詞寫道：「給我拿酒來，裡面放片吐司。」
許多西方人喝烈酒時，會在酒杯中放一小塊麵包，
據說麵包香氣能減低嗆烈的酒味，讓酒變得好喝。
Let's make a toast to...
在舉杯慶祝之前，不如，先來做個吐司吧。

吐司的飲食文化

以金屬烤模烘烤定型的白麵包是三明治的始祖，口味清淡，非常適合搭配任何食材。早期為歐洲英國皇室才享用得到的高貴食物，英國白麵包（又稱英國吐司），據說源自於哥倫布發現新大陸時，拓荒者為了解決餐食而研發製成，為的就是方便保存可以和大家分食的餐用主食麵包。早期，以加蓋的烤模烘焙，形狀類似於美國的汽車製造業——普曼標準汽車公司（Pullman Standard Company）所生產的列車，因此也有「普曼麵包」之稱。用無蓋的烤模烘焙，造成麵包頂端呈現飽滿的山丘形狀，現代暱稱之為「山形麵包」。

口味清淡、切片過後的吐司，稍微烤過之後，表面香酥，英國人最愛的吃法就是塗上厚厚的奶油，趁熱享用美味的吐司。早期也發展出夾進肉類、蔬菜、果醬等食材來做成各種口味的三明治。

白吐司的飲食文化在二十世紀初從英國流傳到了法國，法國的白吐司除了麵包香氣在口感上微甜且濕潤柔軟，比起法國長棍麵包，其外皮較硬脆，讓人更能享受麵包裡的咀嚼口感。將吐司片沾裹蛋汁，兩面煎至微焦然後淋上蜂蜜或撒上糖粉，就是名聞遐邇的「法式吐司」代表。

三色藜麥高鈣魔方吐司

製作步驟

1. 以中種麵糰製作的話，先將水與乾酵母混合攪拌均勻，依序下麵粉、動物鮮奶油，持續攪拌至麵糰呈光滑面，於室溫靜置 30 分鐘後再冰入冷藏隔天備用。
2. 主麵糰製作：除無鹽奶油及預煮好的三色藜麥以外，其餘材料需攪拌至 8 分麵筋，下奶油再繼續攪拌至 9 分麵筋，最後將預煮好的三色藜麥與麵糰混合攪拌均勻。
3. 直接分割滾圓每顆 220 公克，中間鬆弛 10 分鐘，先稍微整型成長條狀，再用擀麵棍擀成長片狀，然後包入起士片、高融點乳酪丁，捲起成圓桶形放入方形模最後發酵；體積高度約 8 分滿，帶蓋烤焙。
4. 烤焙條件：方型吐司模帶蓋放入烤盤，以上火 190 度、下火 230 度烤 25 分鐘。

冷藏中種麵糰

材料	重量	百分比
高筋麵粉	700 g	70%
動物鮮奶油	50 g	5%
乾酵母	3 g	0.3%
水	400 g	40%

主麵糰

材料	重量	百分比
高筋麵粉	300 g	30%
紅砂糖（二砂）	100 g	10%
乾酵母	7 g	0.7%
全脂奶粉	30 g	3%
鹽	10 g	1%
雞蛋	100 g	10%
冰水	150 g	15%
無鹽奶油	120 g	12%
預煮三色藜麥粒	150 g	15%
高融點乳酪丁	適量	

主廚小叮嚀 *Chef's Note:*

三色藜麥先洗淨，泡水靜置 1 小時後瀝乾，加入飲用水少許、橄欖油（藜麥對水 1:1），蒸煮熟後冷卻冷藏備用。

日式生吐司（原味）

製作步驟

1. 冷藏中種製作：所有材料攪拌至光滑面，室溫下靜置 30 分鐘後，冰入冷藏隔天備用（需冷藏至少 15 小時）。
2. 主麵糰製作：除奶油以外，其餘材料攪拌至8分麵筋，下奶油繼續攪拌至完全擴展，直接分割滾圓，中間鬆弛 10 分鐘，二次擀捲，放入帶蓋吐司模最後發酵 1 至 1.5 小時。
3. 烤焙條件：吐司高度在模內 8 分滿，帶蓋放烤盤，以上火 190 度、下火 220 度烤 30 ～ 40 分鐘（依吐司模大小調整溫度及烤焙時間，配方 225 公克麵糰 ×2）。

冷藏中種麵糰

材料	重量	百分比
高筋麵粉	700 g	70%
動物鮮奶油	100 g	10%
乾酵母	3 g	0.3%
水	350 g	35%

主麵糰

材料	重量	百分比
高筋麵粉	300 g	30%
乾酵母	7 g	0.7%
細砂糖	100 g	10%
鹽	15 g	1.5%
鮮奶	250 g	25%
蜂蜜	80 g	8%
奶粉	30 g	3%
無鹽奶油	150 g	15%

主廚小叮嚀 *Chef's Note:*

日本語「生」指的是新鮮、直接就很好吃的意思，而本配方使用的是無添加麵粉，在吸水性及麵粉細緻度與麵包的柔軟綿密度上，會比一般高筋要好，口感表現上較無彈性，咬感上較不帶韌性，反而是化口性柔軟綿密，猶如海綿蛋糕般的質地。

可可巧酥核桃

製作步驟

1. 冷藏中種製作：先將常溫水與低醣酵母攪拌均勻，下麵粉攪拌成糰至表面呈光滑，室溫下靜置 30 分鐘後，冰入冷藏隔天備用（15 小時）。

2. 主麵製作：除無鹽奶油、碎核桃以外，其餘材料攪拌至 8 分麵筋，下奶油繼續攪拌至麵筋完全擴展，最後用手切拌將碎核桃與麵糰混合均勻，直接分割滾圓每顆 250 公克，中間鬆弛 15 分鐘，稍微整型成長條狀再用擀麵棍壓成長片狀，抹上奶酥餡捲起成圓桶狀，表面刷蛋白靜置 3 分鐘，沾上黑炭酥菠蘿碎粒後，放入吐司模最後發酵；發酵體積高度 10 分滿，與吐司模邊齊高即可烤焙。

3. 烤焙條件：吐司模放烤盤，表面擠墨西哥醬，以上火 0 度、下火 230 度烤 35 分鐘。

主廚小叮嚀 *Chef's Note:*

奶酥餡調理完成後會隨著時間而慢慢變乾硬，配方中可添加油脂或雞蛋來增加柔軟及化口性，沒使用完畢的奶酥餡應冰入冷藏、延緩油脂及添加物的氧化酸敗。

冷藏中種麵糰

材料	重量	百分比
高筋麵粉	500 g	50%
乾酵母	2 g	0.2%
水	300 g	30%

主麵糰

材料	重量	百分比
高筋麵粉	500 g	50%
乾酵母	8 g	0.8%
可可粉	40 g	4%
細砂糖	150 g	15%
鹽	10 g	1%
奶粉	30 g	3%
蜂蜜	40 g	4%
冰水	220 g	22%
動物鮮奶油	80 g	8%
雞蛋	100 g	10%
無鹽奶油	100 g	10%
1/8 碎核桃（烤過）	150 g	15%

黑炭酥菠蘿碎粒

材料	重量
酥油	270 g
細砂糖	300 g
高筋麵粉	300 g
低筋麵粉	300 g
黑炭可可粉	80 g

墨西哥醬

材料	重量
糖粉	250 g
無鹽奶油	250 g
低筋麵粉	250 g
雞蛋（室溫）	200 g

奶酥餡

材料	重量
糖粉	150 g
無鹽奶油	275 g
無水奶油	125 g
全脂奶粉	400 g
酪梨油	50 g
鹽	1 g

手沖咖啡巧克力

製作步驟

1. 將 100 公克重烘焙咖啡豆研磨成粉，放入咖啡濾紙，以 550 公克熱水手沖咖啡，待咖啡液稍微冷卻即冰入冷藏備用。
2. 麵糰製作：除無鹽奶油、法國老麵、水滴巧克力、核桃以外，先將深煎即溶咖啡粉、紅砂糖、貝禮詩咖啡奶酒、雞蛋等材料與冷萃咖啡液攪拌均勻，倒入材料攪拌至 7 分麵筋，下法國老麵、無鹽奶油繼續攪拌至完全擴展，再將水滴巧克力、碎核桃用手拌切方式與麵糰混合均勻。
3. 基本發酵 30 分鐘、3 折 1 次翻面續發 20 分鐘，分割滾圓每顆 120 公克，中間鬆弛 10 分鐘，稍微整型成長條狀，再用擀麵棍壓成長片狀，抹上巧克力餡，捲起成圓桶狀，表面覆蓋咖啡脆皮，放入吐司模具擺盤最後發酵，發酵體積 9 分滿即可烤焙。
4. 烤焙條件：放烤盤以上火 160 度、下火 220 度烤 25 分鐘。

主麵糰

材料	重量	百分比
高筋麵粉	1000 g	100%
細砂糖	80 g	8%
鹽	10 g	1%
乾酵母	15 g	1.5%
深煎即溶咖啡粉	20 g	2%
奶粉	30 g	3%
貝禮詩咖啡奶酒	80 g	8%
咖啡液（重烘焙）	500 g	50%
雞蛋	100 g	10%
法國老麵	200 g	20%
無鹽奶油	100 g	10%
水滴巧克力	120 g	12%
碎核桃（預烤）	100 g	10%

咖啡脆皮

無鹽奶油	175 g
細砂糖	350 g
雞蛋	140 g
杏仁粉	50 g
高筋麵粉	380 g
烘焙用咖啡粉末	50 g

巧克力餡

免調溫巧克力	250 g
動物鮮奶油	75 g
貝禮詩咖啡奶酒	75 g

主廚小叮嚀 *Chef's Note:*

1. 熱沖咖啡冷卻冷藏需 1 天內用完，否則放久會產生酸苦澀味。配方中添加深焙即溶咖啡粉，可增加麵包香氣和色澤。
2. 咖啡脆皮製作先將糖、油拌和完後，依序倒入杏仁粉、高筋麵粉、咖啡粉末、雞蛋混合攪拌成糰即可。
3. 巧克力餡製作：動物鮮奶油、咖啡奶酒需回溫至常溫，免調溫巧克力隔水加熱至融化，再將動物鮮奶油、咖啡奶酒緩慢倒入、一邊攪拌至均勻，然後冰入冷藏備用。

青醬海鮮乳酪

製作步驟

1. 麵糰製作：除奶油、法國老麵、無鹽奶油以外，其餘材料攪拌至 7 分麵筋，下法國老麵、無鹽奶油繼續攪拌至完全擴展，將麵糰與花枝丸丁、魚丸丁攪拌混合均勻，基本發酵 30 分鐘、3 折 1 次翻面續發 20 分鐘。
2. 分割滾圓每顆 220 公克，中間鬆弛 10 分鐘，稍整型成長條狀，再用擀麵棍壓成長片狀，包入高融點乳酪丁、起士片捲起成圓桶狀，放入方型吐司模擺盤最後發酵，體積高度約 9 分滿即可烤焙。
3. 烤焙條件：放烤盤，表面鋪上披薩乳酪絲以上火 160 度、下火 230 度烤 35 分鐘。

主麵糰

材料	重量	百分比
高筋麵粉	1000 g	100%
細砂糖	80 g	8%
乾酵母	10 g	1%
鹽	12 g	1.2%
奶粉	30 g	3%
雞蛋	50 g	5%
鮮奶	100 g	10%
水	450 g	45%
青醬	150 g	15%
法國老麵	200 g	20%
無鹽奶油	80 g	8%
乾燥洋香菜葉	20 g	2%
花枝丸切丁	150 g	15%
魚丸切丁	100 g	10%

內餡

高融點乳酪丁	適量
起士片	適量

表面裝飾

披薩乳酪	適量
海苔粉	適量

主廚小叮嚀 *Chef's Note:*

吐司麵包體以青醬跟洋香菜葉當基底，如果做成空包類的吐司切片夾其他生菜沙拉肉餡，可當成三明治或其他餐前佐料食用的麵包來享用。

星空橙香蔓越莓吐司

製作步驟

1. 將香吉士片浸泡糖水，冷卻後冰入冷藏一晚備用。
2. 將蝶豆花沖入熱水，浸泡 1 小時後冷卻冰入冷藏備用。
3. 冷藏中種製作：先將蝶豆花水與低醣酵母混合均勻，依序下高筋麵粉、動物鮮奶油攪拌至麵糰呈光滑面，基本發酵 30 分鐘，冰入冷藏隔天備用（15 小時）。
4. 主麵糰製作：除發酵奶油、果乾類外，其餘材料攪拌至 7 分麵筋，先下一半發酵奶油，混合攪拌均勻後再下另一半發酵奶油，攪拌至麵筋完全擴展，將果乾與麵糰用手切拌混合均勻。
5. 中間鬆弛 10 分鐘，分割滾圓每顆 250 公克，鬆弛 10 分鐘再整型成甜甜圈狀，將中空圓型蛋糕模噴烤盤油，先擺入糖漬香吉士片 4 片，再放入麵糰，最後發酵至體積高度 7 分滿即可烤焙。
6. 烤焙條件：放烤盤以上火 160 度、下火 220 度烤 28 分鐘，出爐冷卻後刷上鏡面果膠，再撒些許開心果碎點綴裝飾。

冷藏中種麵糰

材料	重量	百分比
高筋麵粉	700 g	70%
動物鮮奶油	100 g	10%
乾酵母	3 g	0.3%
蝶豆花水	350 g	35%

主麵糰

材料	重量	百分比
高筋麵粉	300 g	30%
乾酵母	7 g	0.7%
細砂糖	150 g	15%
鹽	15 g	1.5%
雞蛋	100 g	10%
鮮奶	150 g	15%
奶粉	30 g	3%
發酵奶油	200 g	20%
義大利桔子丁	100 g	10%
酒釀蔓越莓乾	200 g	20%

蝶豆花水

材料	重量
乾燥蝶豆花	50 g
熱水	450 g

表面裝飾

材料	重量
糖漬香吉士片	4 片
開心果碎	適量
鏡面果膠	適量

主廚小叮嚀 *Chef's Note:*

新鮮香吉士切薄片備用，將水 1000 克、細砂糖 200 克煮滾後轉小火，然後將香吉士片放入糖水中小火浸泡 5 分鐘，關火冷卻備用。使用前要將香吉士片瀝乾。

彩虹拉絲吐司

製作步驟

1. 冷藏中種製作：所有材料攪拌至光滑面，室溫靜置 30 分鐘後冰入冷藏隔天備用（15 小時）。
2. 主麵糰製作：除奶油以外，其餘材料攪拌至8分麵筋，下奶油繼續攪拌至完全擴展，直接分割滾圓，中間鬆弛 10 分鐘，二次擀捲，放入帶蓋吐司模最後發酵 1 至 1.5 小時。
3. 烤焙條件：吐司高度在模內 8 分滿帶蓋放烤盤，以上火 190 度、下火 220 度烤 30 至 40 分鐘，出爐冷卻備用。
4. 先將吐司切片，然後將馬蘇里拉起士均勻鋪在吐司上，用抹茶、草莓、芒果、芋香粉以條狀式均勻撒上後，再蓋上另一片吐司，放入烤箱以上火 180 度、下火 150 度烤 10 分鐘。

冷藏中種麵糰

材料	重量	百分比
高筋麵粉	700 g	70%
動物鮮奶油	100 g	10%
乾酵母	3 g	0.3%
水	350 g	35%

主麵糰

材料	重量	百分比
高筋麵粉	300 g	30%
乾酵母	7 g	0.7%
細砂糖	100 g	10%
鹽	15 g	1.5%
鮮奶	250 g	25%
蜂蜜	80 g	8%
奶粉	30 g	3%
無鹽奶油	150 g	15%

起士內餡

材料	重量
馬蘇里拉起士	適量
抹茶粉	適量
草莓香粉	適量
芒果香粉	適量
芋香粉	適量

主廚小叮嚀 *Chef's Note:*

運用原味生吐司延伸變化，將其調理製做成韓國網紅彩虹拉絲吐司。馬蘇里拉起士經烤焙受熱後的拉絲效果比起一般乳酪絲要好，可依個人口味及顏色的深淺喜好，將香味調色粉末均勻有條理地撒上，烤焙後顏色融入到起士裡，就能拉絲出像彩虹般炫麗的色彩。

喵喵生吐司

製作步驟

1. 冷藏中種製作：所有材料攪拌至光滑面，室溫靜置 30 分鐘後，冰入冷藏隔天備用（15 小時）。
2. 主麵糰製作：除奶油以外，其餘材料攪拌至8分麵筋，下奶油繼續攪拌至完全擴展，取 400 公克白麵糰、可可粉與水先混合攪拌均勻再與麵糰混合攪拌成可可麵糰，直接平均分割滾圓，每顆約 50 公克可可麵糰、8 顆備用，直接將白麵糰分割滾圓每顆 280 公克，中間鬆弛 10 分鐘，二次滾圓、底部收口，直立放入喵喵吐司模，將可可麵糰擀成長條、直立放入喵喵吐司模的耳朵裡擺盤最後發酵。
3. 麵糰到達吐司模約 8 至 9 分滿即可烤焙。
4. 烤焙條件：帶蓋以上火 180 度、下火 210 度烤 30 分鐘。

冷藏中種麵糰

材料	重量	百分比
高筋麵粉	700 g	70%
動物鮮奶油	100 g	10%
乾酵母	3 g	0.3%
水	350 g	35%

主麵糰

材料	重量	百分比
高筋麵粉	300 g	30%
乾酵母	7 g	0.7%
細砂糖	100 g	10%
鹽	15 g	1.5%
鮮奶	250 g	25%
蜂蜜	80 g	8%
奶粉	30 g	3%
無鹽奶油	150 g	15%

巧克力麵糰

材料	重量
白麵糰	400 g
可可粉	50 g
水	30 g

表面裝飾

材料	重量	備註
軟質巧克力醬	適量	市售

主廚小叮嚀 *Chef's Note:*

可可麵糰需要將可可粉完全打入白麵糰做染色，可以在白麵糰麵筋形成 8 分麵筋時分割取出，才不會因為過度攪拌可可麵糰而產生筋膜斷裂的情況；可可粉先與水混合成泥狀後比較容易與白麵糰進行染色。

Belgium's
Perfection's in the

黑芝麻紅豆魔方吐司

製作步驟

1. 麵糰製作：除黑芝麻粒、無鹽奶油外，其餘材料攪拌至 8 分麵筋，下無鹽奶油繼續攪拌至麵筋完全擴展，最後將黑芝麻粒與麵糰混合均勻。
2. 基本發酵 30 分鐘、3 折 1 次翻面續發 20 分鐘，分割滾圓每顆 220 公克，中間鬆弛 10 分鐘，擀成長條狀再擀至長片狀，接著包入黑芝麻餡與紅豆粒，放入吐司模擺盤最後發酵。
3. 發酵條件：吐司麵糰 8 至 9 分滿即可烤焙。
4. 烤焙條件：帶蓋以上火 180 度、下火 220 度烤 30 分鐘。

主麵糰

材料	重量	百分比
高筋麵粉	1000 g	100%
乾酵母	10 g	1%
細砂糖	100 g	10%
鹽	15 g	1.5%
水	350 g	35%
鮮奶	250 g	25%
雞蛋	50 g	5%
黑芝麻醬	50 g	5%
黑芝麻粉	50 g	5%
生黑芝麻粒	50 g	5%
無鹽奶油	100 g	10%

黑芝麻餡

黑芝麻粉	200 g
糖粉	200 g
無鹽奶油	100 g
黑芝麻醬	100 g

內餡

蜜紅豆粒	適量

主廚小叮嚀 *Chef's Note:*

黑芝麻麵糰的配方中添加了粒徑較大的黑芝麻粉，在麵糰攪拌的過程中會稍微阻礙麵筋的形成而拉長攪拌時間，需注意麵糰溫度的控制，配方中的水可事先冰入冷藏備用，或準備碎冰來降低麵糰因攪拌時間拉長導致物理摩擦所產生的溫度；麵糰終溫愈高，會造成麵包組織粗糙、口感不佳、澱粉老化速度變快。

虎珀

製作步驟

1. 黑炭可可餡製作：將所有材料混合攪拌均勻，壓扁成 20×15 公分片狀冰入冷藏備用。
2. 麵糰製作：除無鹽奶油、法國老麵以外，先將其餘材料攪拌至 7 分麵筋，接著加入無鹽奶油、法國老麵繼續攪拌至 9 分麵筋即可。
3. 基本發酵 30 分鐘，脫氣整平後冰入冷藏 1 小時，麵糰自冷藏取出後，裹入黑炭可可餡以 3 折 1 次方式壓至厚度 3 公分，裁切寬 5 公分、長 20 公分麵糰 250 公克，中間切兩刀綁成辮子再捲起成圓型，放入方型模最後發酵（若麵糰重量不夠，則補足至中間再捲起）。
4. 麵糰高度達 9 分滿即可烤焙。
5. 烤焙前，表面刷上蛋液、撒上珍珠糖，以上火 160 度、下火 220 度烤 25 分鐘。

主麵糰

材料	重量	百分比
法國麵粉	1000 g	100%
梔子天然色粉	30 g	3%
細砂糖	80 g	8%
鹽	18 g	1.8%
乾酵母	10 g	1%
雞蛋	200 g	20%
水	400 g	40%
無鹽奶油	80 g	8%
法國老麵	200 g	20%

黑炭可可餡

杏仁膏	360 g
黑炭可可粉	50 g
蛋白	30 g

表面裝飾

蛋液	適量
珍珠糖	適量

主廚小叮嚀 *Chef's Note:*

麵糰經過冷藏鬆弛，降低了酵母部分活性，利用麵糰暫時性的緊實迅速將黑炭可可餡包覆完成折疊，此時注意麵糰與黑炭可可餡的軟硬度是否適中。

CHAPTER

3

BAGEL 貝果

貝果其實是美國人發揚光大的，
紐約人的經典早午餐之一，是奶油乳酪、煙燻炷魚、酸豆與貝果的完美組合，
連美國前總統歐巴馬都是紐約貝果粉，據說他在唸大學時，
每到周末就會特別走去貝果名店，買份他最愛的貝果吃。
而美國人熱愛貝果的程度，甚至到了訂定每年 2 月 9 日為國際貝果日，
讓大家得以大吃貝果、狂歡慶祝。
"I slept a bagel last night." 意思是指連續睡了 12 個小時；
「時間」在製作貝果的過程中特別重要，
它可是關乎著製作成品的美味程度呢！

融合多國文化的北美洲誕生了許多獨具特色的麵包。美式貝果麵包有另一個說法，叫做「星期天的早餐」，據說這是源自猶太人的傳統習俗，他們星期天的早晨都是以貝果作為早餐食用，猶太人移民到美國之後，這樣的飲食習慣就流傳開來，直到今日，美式貝果也一直是美國當地相當普遍的餐用麵包。

渾圓外觀如甜甜圈般的造型，是由棒狀的麵糰將兩端結合成圈狀，先用熱水燙煮過再放進烤箱烘烤，因此表面看起來帶有光澤感，口感Q彈有嚼勁；除了直接食用之外，也可以從中間剖切成上下兩片夾著鹹、甜等食材一起吃，同樣十分美味。

貝果麵包在熱量與脂肪的含量上，相較於其他麵包要來得低，不只美味又很健康，所以在亞洲國家也相當受到歡迎。除了原味的貝果麵包，近年來以貝果專賣店形式的麵包店紛紛出現，運用了相當多內、外餡料豐富的組合產品，讓消費者有更多元化的選擇。

原味貝果

製作步驟

1. 所有材料下攪拌缸，攪拌至麵糰呈光滑面 6 ～ 7 分筋，基本發酵 20 分鐘，分割滾圓每顆 100 公克，中間鬆弛 10 分鐘，麵糰擀開捲起整型成甜甜圈，底部收口捏緊擺盤最後發酵。
2. 最後發酵體積為原來 0.5 倍大，放入熱水雙面各汆燙 30 秒，撈起貝果瀝乾再放到烤盤上直接烤焙。
3. 烤焙條件：以上火 210 度、下火 200 度烤 12 ～ 15 分鐘至表面呈金黃色。

主麵糰

材料	重量	百分比
高筋麵粉	1000 g	100%
細砂糖	50 g	5%
鹽	16 g	1.6%
乾酵母	10 g	1%
雞蛋	100 g	10%
無鹽奶油	60 g	6%
水	450 g	45%

主廚小叮嚀 *Chef's Note:*

1. 貝果麵包屬於較硬質的美式麵包，若使用乾酵母，可先在常溫水中預先攪拌均勻溶於水中；麵糰在攪拌過程只需到麵筋擴展階段即可。
2. 麵包整型完後，需注意最後發酵大小，不要過度發酵，因為經過熱水汆燙時會快速膨脹，再經過烤焙會再二次膨發，而導致產品表面皺縮、影響外觀。

紫薯葡萄奶酥貝果

製作步驟

1. 葡萄奶酥製作：糖粉、無鹽奶油、無水奶油、鹽微打發，加入全脂奶粉攪拌均勻倒入酪梨油，最後將酒釀葡萄乾混合均勻備用。
2. 所有材料下攪拌缸，攪拌至麵糰呈光滑面 6 ～ 7 分筋，基本發酵 20 分鐘，分割滾圓每顆 100 公克，中間鬆弛 10 分鐘，麵糰擀開後包入奶酥葡萄餡、捲起整型成甜甜圈，底部收口接縫處捏緊，擺盤最後發酵。
3. 最後發酵體積為原來 0.5 倍大，放入熱水雙面各汆燙 30 秒，撈起貝果瀝乾再放到烤盤上直接烤焙。
4. 烤焙條件：以上火 210 度、下火 200 度烤 12 ～ 15 分鐘至金黃色。

主麵糰

材料	重量	百分比
高筋麵粉	1000 g	100%
紫薯粉	40 g	4%
細砂糖	50 g	5%
鹽	16 g	1.6%
乾酵母	10 g	1%
雞蛋	100 g	10%
無鹽奶油	60 g	6%
冰水	450 g	45%
黑芝麻粒	30 g	3%

葡萄奶酥

材料	重量
糖粉	150 g
無鹽奶油	275 g
無水奶油	125 g
奶粉	400 g
酪梨油	50 g
鹽	1 g
酒釀葡萄乾	200 g

主廚小叮嚀 *Chef's Note:*

整型包餡時需注意葡萄奶酥餡盡量不要抹到展開麵糰的左右端，預留一些空間做麵糰的接合，因奶酥餡帶有油脂，會阻礙麵糰在整型時無法黏合，最終影響成品外觀。

肉桂核桃貝果

製作步驟

1. 肉桂餡製作：將所有材料攪拌均勻備用。
2. 肉桂糖霜製作：所有材料攪拌均勻備用。
3. 碎核桃烘烤冷卻備用。
4. 所有材料下攪拌缸，攪拌至麵糰呈光滑面 6 ～ 7 分筋，基本發酵 20 分鐘，分割滾圓每顆 100 公克，中間鬆弛 10 分鐘，麵糰擀開、抹上肉桂餡，捲起整型成甜甜圈，底部收口接縫處捏緊，擺盤最後發酵。
5. 最後發酵體積為原來 0.5 倍大，放入熱水雙面各汆燙 30 秒，撈起貝果瀝乾再放到烤盤上直接烤焙。
6. 烤焙條件：以上火 210 度、下火 200 度烤 12 ～ 15 分鐘至表面呈金黃色，出爐擠上肉桂糖霜點綴裝飾。

主麵糰

材料	重量	百分比
高筋麵粉	1000 g	100%
細砂糖	50 g	5%
鹽	16 g	1.6%
乾酵母	10 g	1%
雞蛋	100 g	10%
無鹽奶油	60 g	6%
冰水	450 g	45%

肉桂餡

無鹽奶油	100 g
奶粉	100 g
紅糖（二號砂糖）	100 g
肉桂粉	15 g
1/8 碎核桃（烘過）	適量

肉桂糖霜（表面裝飾用）

糖粉	120 g
肉桂粉	6 g
飲用水	30 g

主廚小叮嚀 *Chef's Note:*

表面裝飾用的肉桂糖霜濃稠度可依照個人喜好增加或遞減糖粉及飲用水去做調整。

卡布其諾貝果

製作步驟

1. 乳酪餡製作：將奶油乳酪、細砂糖攪拌混合均勻，冰入冷藏備用。
2. 咖啡糖漿製作：將水煮沸，倒入深煎咖啡粉、細砂糖煮滾 1 分鐘，離火冷卻備用。
3. 所有材料下攪拌缸，攪拌至麵糰呈光滑面 6 ～ 7 分筋，基本發酵 20 分鐘，分割滾圓每顆 100 公克，中間鬆弛 10 分鐘，麵糰擀開、擠上乳酪餡，整型成甜甜圈，底部收口接縫處捏緊，擺盤最後發酵。
4. 最後發酵體積為原來 0.5 倍大，放入熱水雙面各汆燙 30 秒，撈起貝果瀝乾，再放到烤盤上直接烤焙。
5. 烤焙條件：以上火 210 度、下火 200 度烤 12 ～ 15 分鐘，出爐後刷上咖啡糖漿。

主麵糰

材料	重量	百分比
高筋麵粉	1000 g	100%
深煎咖啡粉	40 g	4%
奶粉	30 g	3%
細砂糖	50 g	5%
鹽	16 g	1.6%
乾酵母	10 g	1%
雞蛋	100 g	10%
無鹽奶油	60 g	6%
水	480 g	48%

乳酪餡

材料	重量
奶油乳酪	500 g
細砂糖	100 g

咖啡糖漿

材料	重量
深煎咖啡粉	60 g
水	100 g
細砂糖	100 g

主廚小叮嚀 *Chef's Note:*

配方中使用深煎咖啡粉，顆粒較一般烘焙用咖啡粉末粗，而且顆粒較大，使用前可與配方中的水、酵母一起預溶，以利後續攪拌麵糰。

麻辣鹽酥雞貝果

製作步驟

1. 所有材料下攪拌缸，攪拌至麵糰呈光滑面 6 ～ 7 分筋，基本發酵 20 分鐘，分割滾圓每顆 100 公克，中間鬆弛 10 分鐘，麵糰擀開、包鹽酥雞塊整型成甜甜圈，底部收口接縫處捏緊，擺盤最後發酵。
2. 最後發酵體積為原來 0.5 倍大，放入熱水雙面各汆燙 30 秒，撈起貝果瀝乾後，再放到烤盤上，撒上披薩乳酪絲直接烤焙。
3. 烤焙條件：以上火 200 度、下火 200 度烤 12 ～ 15 分鐘至金黃色。

主麵糰

材料	重量	百分比
高筋麵粉	1000 g	100%
細砂糖	50 g	5%
鹽	16 g	1.6%
乾酵母	10 g	1%
雞蛋	100 g	10%
無鹽奶油	60 g	6%
麻辣鍋醬	80 g	8%
水	400 g	40%

內餡

鹽酥雞塊	適量	市售冷凍

表面裝飾

披薩乳酪絲	適量

主廚小叮嚀 *Chef's Note:*

1. 市售冷凍鹽酥雞塊可切成適當大小、較容易包餡。
2. 貝果汆燙後，擺盤後要立即做表面裝飾的餡料舖陳，動作上應迅速輕盈，完成後立即烤焙。

洋蔥蒔蘿貝果

製作步驟

1. 除乾燥洋蔥絲、乾燥蒔蘿鬚以外，其餘材料下攪拌缸，攪拌至麵糰呈光滑面 6 ～ 7 分筋，最後將洋蔥絲、蒔蘿鬚與麵糰混合均勻，基本發酵 20 分鐘，分割滾圓每顆 100 公克，中間鬆弛 10 分鐘，麵糰擀開、捲起整型成甜甜圈，底部接縫處收口捏緊，擺盤最後發酵。
2. 最後發酵體積為原來 0.5 倍大，放入熱水雙面各汆燙 30 秒，撈起貝果瀝乾後再放到烤盤上直接烤焙。
3. 烤焙條件：以上火 210 度、下火 200 度烤 12 ～ 15 分鐘至金黃色。

主麵糰

材料	重量	百分比
高筋麵粉	1000 g	100%
細砂糖	50 g	5%
鹽	16 g	1.6%
乾酵母	10 g	1%
雞蛋	100 g	10%
無鹽奶油	60 g	6%
水	480 g	48%
乾燥洋蔥絲	100 g	10%
乾燥蒔蘿鬚	40 g	4%

主廚小叮嚀 *Chef's Note:*

配方中添加乾燥洋蔥絲、乾燥蒔蘿鬚於麵糰攪拌完至所需麵筋時，需注意混料時均勻，即可避免造成麵筋過度攪拌，或可用手切拌的方式將混料與麵糰進行混合。

肯瓊牛肉貝果

製作步驟

1. 所有材料下攪拌缸攪拌至麵糰呈光滑面 6 ～ 7 分筋，基本發酵 20 分鐘分割滾圓 100 公克 / 顆，中間鬆弛 10 分鐘麵糰擀開鋪上牛雪花肉片 / 1 片並在肉片上均勻撒上美式烤肉肯瓊粉捲起，整型成甜甜圈底部收口捏緊擺盤最後發酵。

2. 最後發酵體積為原來 0.5 倍大，放入熱水雙面各汆燙 30 秒，撈起貝果瀝乾再放到烤盤上撒上美式烤肉肯瓊粉直接烤焙。

3. 烤焙條件：以上火 210 度、下火 200 度烤 12 ～ 15 分鐘至金黃色。

主麵糰

材料	重量	百分比
高筋麵粉	1000 g	100%
細砂糖	50 g	5%
鹽	16 g	1.6%
乾酵母	10 g	1%
雞蛋	100 g	10%
無鹽奶油	60 g	6%
冰水	450 g	45%

肯瓊牛肉餡

牛雪花肉片	1 片
美式烤肉肯瓊粉	適量

表面裝飾

美式烤肉肯瓊粉	適量

主廚小叮嚀 *Chef's Note:*

新鮮牛雪花肉片或冷凍肉品皆帶有些許血水，應事先用餐紙巾將血水吸乾再進行麵包包餡，以避免新鮮牛肉片汁液滲出、造成包餡時麵包組織不易收口而分離。

牛奶花生貝果

製作步驟

1. 花生酥粒製作：糖、油、鹽、花生醬先拌合，然後加入雞蛋混合均勻，再依序加入高筋麵粉、泡打粉、小蘇打粉、花生粉混合均匀備用。

2. 花生餡製作：糖、油先拌合，接著加入雞蛋混合均勻，再依序加入奶粉、花生粉混合均匀備用。

3. 麵糰製作：將所有材料下攪拌缸，攪拌至麵糰呈光滑面 6 ～ 7 分筋，基本發酵 20 分鐘，分割滾圓每顆 100 公克，中間鬆弛 10 分鐘，麵糰擀開、中間抹上花生餡，捲起整型成甜甜圈、底部接縫處收口捏緊，擺盤最後發酵。

4. 最後發酵體積為原來 0.5 倍大，放入熱水雙面各汆燙 30 秒，撈起貝果瀝乾後撒上花生酥粒，擺盤直接烤焙。

5. 烤焙條件：以上火 200 度、下火 200 度烤 12 ～ 15 分鐘至金黃色。

主麵糰

材料	重量	百分比
高筋麵粉	1000 g	100%
細砂糖	50 g	5%
鹽	16 g	1.6%
乾酵母	10 g	1%
雞蛋	100 g	10%
無鹽奶油	60 g	6%
鮮奶	480 g	48%

花生酥粒 (表面裝飾)

材料	重量
細砂糖	220 g
無鹽奶油	180 g
花生醬	150 g
花生粉	230 g
鹽	2 g
雞蛋	50 g
高筋麵粉	500 g
泡打粉	10 g
小蘇打粉	5 g

花生餡

材料	重量
無鹽奶油	125 g
糖粉	150 g
雞蛋	100 g
奶粉	50 g
花生粉	250 g

主廚小叮嚀 *Chef's Note:*

貝果麵包經汆燙後要均勻散上花生酥粒：可先準備一個小鋼盆裝好花生酥粒，再將汆燙過的貝果麵包移至鋼盆內舖撒，動作應迅速而輕盈，完成後擺盤立即烤焙。

抹茶棉花糖蔓越莓貝果

製作步驟

1. 麵糰製作：所有材料下攪拌缸攪拌至麵糰呈光滑面 6 ～ 7 分筋，最後將酒釀蔓越莓乾與麵糰混合均勻，基本發酵 20 分鐘，分割滾圓每顆 100 公克，中間鬆弛 10 分鐘，麵糰擀開、中間舖上棉花糖，捲起整型成甜甜圈、底部接縫處收口捏緊，擺盤最後發酵。
2. 最後發酵體積為原來 0.5 倍大，放入熱水雙面各汆燙 30 秒，撈起貝果瀝乾後撒上花生酥粒，擺盤直接烤焙。
3. 烤焙條件：以上火 210 度、下火 200 度烤 12 ～ 15 分鐘至金黃色。

主麵糰

材料	重量	百分比
高筋麵粉	1000 g	100%
抹茶粉	30 g	3%
細砂糖	50 g	5%
鹽	16 g	1.6%
乾酵母	10 g	1%
雞蛋	100 g	10%
無鹽奶油	60 g	6%
冰水	480 g	48%
酒釀蔓越莓乾	250 g	25%

內餡

白棉花糖	適量

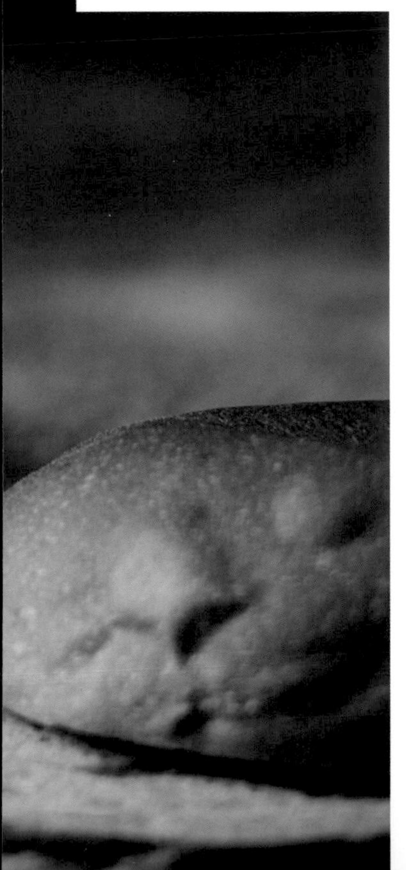

主廚小叮嚀 *Chef's Note:*

1. 酒釀蔓越莓乾前一天事先用萊姆酒浸泡，使用前瀝乾備用。
2. 含酒精飲料不適者，可選擇使用飲用水加蜂蜜浸泡。

殿堂級巧克力貝果

製作步驟

1. 法芙娜生巧克力餡製作：事先將動物鮮奶油至室溫回溫備用，巧克力鈕扣隔水加熱至融化，將動物鮮奶油緩慢倒入巧克力攪拌至完全均勻冰入冷藏備用。

2. 麵糰製作：將所有材料下攪拌缸攪拌至麵糰呈光滑面 6 ～ 7 分筋，基本發酵 20 分鐘分割滾圓 100 公克 / 顆，中間鬆弛 10 分鐘麵糰擀開中間抹上巧克力餡捲起整型成甜甜圈底部接縫處收口捏緊擺盤最後發酵。

3. 最後發酵體積為原來 0.5 倍大，放入熱水雙面各汆燙 30 秒，撈起貝果瀝乾擺盤直接烤焙。

4. 烤焙條件：以上火 210 度、下火 200 度烤 12 ～ 15 分鐘。

主麵糰

材料	重量	百分比
高筋麵粉	1000 g	100%
歌蒂梵可可粉	40 g	4%
細砂糖	50 g	5%
鹽	16 g	1.6%
乾酵母	10 g	1%
雞蛋	100 g	10%
無鹽奶油	60 g	6%
水	480 g	48%

法芙娜生巧克力餡

材料	重量
法芙娜瓜納拉 70% 黑巧克力	250 g
北海道十勝動物鮮奶油	100 g

表面裝飾

材料	重量
免調溫高級牛奶巧克力	適量
法國可可巴芮脆片	適量

主廚小叮嚀 *Chef's Note:*

1. 配方中使用的巧克力原料為調溫型巧克力，在隔水加熱過程中，溫度需控制在調溫巧克力容許範圍（建議 45 ～ 50°C 之間）。
2. 動物鮮奶油不可從冷藏取出直接倒入融化的調溫巧克力攪拌混合，以免造成調溫巧克力內部急速降溫，而導致可可脂結晶不完全、凝固過程失敗。
3. 使用回溫後的動物鮮奶油或稍後隔水加熱後再進行混合，將生巧克力餡降溫至 32 正負 2 度之間最適合；混合過程中動作應迅速輕盈，完成後立即冰入冷藏凝固備用。

CHAPTER

4

Croissant 可頌

如果你熱愛電影，
那麼或許你記得《第凡內早餐》一開場，
奧黛麗赫本站在 Tiffany 櫥窗前吃可頌的經典畫面；
或是前年引起話題的美國影集《艾蜜莉在巴黎》，
艾蜜莉因為咬了一口可頌而驚豔讚嘆道：
You haven't really had a croissant
until you've savored a croissant in France.
不管 60 年前還是 60 年後，
可頌都曾在螢幕中軋上一角。
那麼現實生活中呢？
一份可頌加上一杯咖啡，就是法國人的早餐日常。

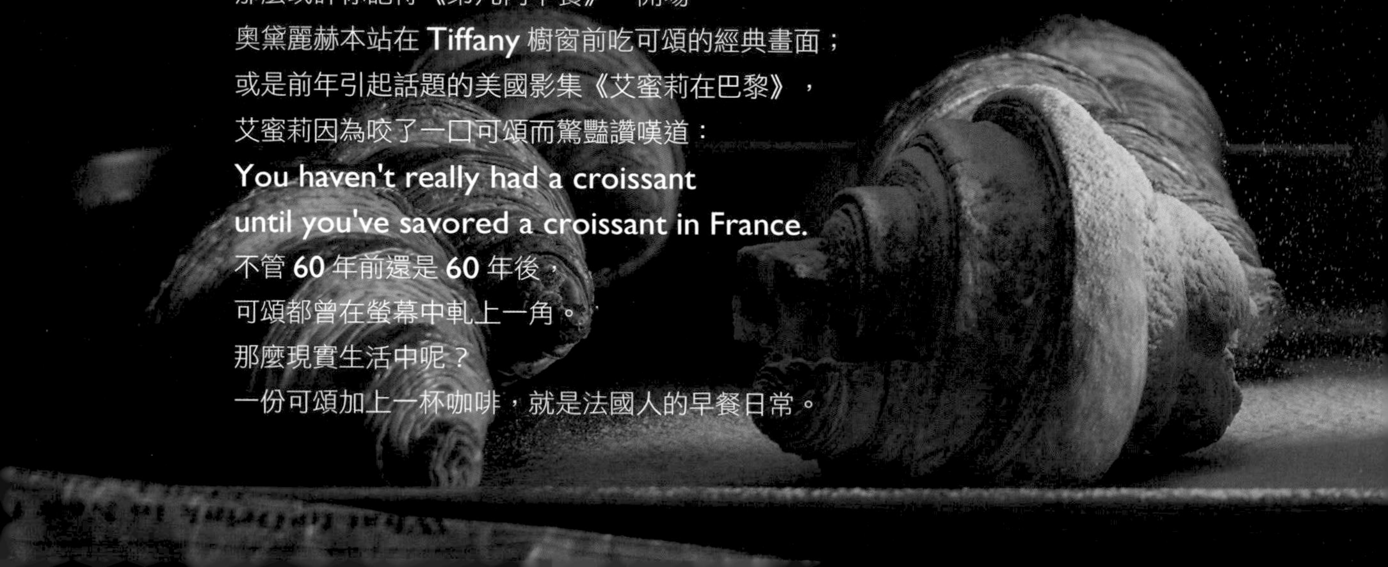

可頌的飲食文化

據說在 1683 年，可頌麵包的外型最早是奧地利人仿造土耳其軍旗旗幟上的彎月符號所製作出來的，當時的可頌麵包只有造型相仿而已，口感上不像現代的酥脆；追溯到改變的起源是在其後奧地利公主瑪麗．安東娃妮特（Marie Antoinette）嫁到法國之後，可頌麵包才變得更加普及，受到烘焙工藝的進步影響，才發展至現代的口感。

在法國，使用 100% 奶油製作的可頌，大多呈現菱形；若選用其他的油脂則會製作成彎月形一法文裡的「Croissant」便是「彎月」的意思。

可頌麵包在製作上的工序，是將奶油裹入發酵麵糰的中央，層層堆疊到所要的層次後進行裁切、包餡、整型、烘烤出爐，成品的口感會像派一樣的酥脆，最佳賞味時間是在麵包剛出爐熱騰騰的時候，外皮帶有酥脆、內部膨鬆的輕盈美味，稍微涼掉的話，用烤箱再度加熱，就能吃到剛出爐的風味和口感；酥脆的外皮是美味的絕佳證明！可頌的食用方式也可以很多元化，直接吃或是搭配鹹、甜食材做成三明治都非常適合；使用杏仁奶油糖霜所製作的「法式杏仁可頌」也是法國可頌最具代表的產品之一，在世界各地都相當的受歡迎。

原味可頌

製作步驟

1. 可頌麵糰製作：乾酵母先與水預溶，再將剩餘材料倒入攪拌缸、攪拌至 6 ～ 7 分麵筋，室溫基本發酵 30 分鐘，壓平冰入冷凍備用或 1 小時後使用。
2. 可頌麵糰裹入油後以 3 折 1 次、4 折 1 次方式折疊（每折疊完後進行冷藏鬆弛 30 分鐘再進行下一次壓延），可頌麵糰取出後直接開酥、壓延至厚度 0.3 公分，進行裁切 9 x 25 公分等腰三角型。
3. 表面用毛刷沾水濕潤，捲起整型成牛角狀，擺盤最後發酵。
4. 最後發酵溫度 28 度、80 分鐘，體積為原來 0.5 倍大即可烤焙。
5. 烤焙條件：表面刷蛋液，以上火 200 度、下火 200 度烤 18 分鐘。

主麵糰

材料	重量	百分比
高筋麵粉	700 g	70%
法國麵包粉	300 g	30%
細砂糖	80 g	8%
鹽	20 g	2%
乾酵母	15 g	1.5%
全蛋	100 g	10%
水	420 g	42%
無鹽奶油	50 g	5%
法國老麵	150 g	15%
裹入油	400 g	40%

主廚小叮嚀　*Chef's Note:*

可頌麵糰屬較硬質生麵糰，配方中使用乾酵母應預先溶於常溫水，再倒入與麵粉進行攪拌，如使用的是新鮮酵母則直接與配方一起攪拌使用；新鮮酵母建議用量為乾酵母在配方中的 3 倍。

① 裁切成 9 x 25 公分等腰三角形。

② 由平切面開始捲起整型起牛角狀。

太陽可頌

製作步驟

1. 白皮製作：將所有材料混合、攪拌成光滑麵糰，醒麵 1 小時備用。
2. 麥芽糖餡製作：將所有材料混合、攪拌均勻成糰備用。
3. 可頌麵糰製作：乾酵母先與水預溶，再將剩餘材料倒入攪拌缸，攪拌至 6 ～ 7 分麵筋，室溫基本發酵 30 分鐘，壓平冰入冷凍備用或 1 小時後使用。
4. 可頌麵糰裹入油後以 3 折 1 次、4 折 1 次方式折疊（每折疊完後進行冷藏，鬆弛 30 分鐘再進行下一次壓延），將可頌麵糰整型成 30 x 30 公分、白皮整型成 32 x 32 公分，可頌麵糰表面用沾濕毛刷均勻刷過、把白皮覆蓋貼緊，冰入冷藏鬆弛 30 分鐘，可頌麵糰取出後直接開酥，壓延至厚度 0.3 公分，裁切成 9 x 25 公分等腰三角型。
5. 白皮向外將 10 公克內餡搓成長條，擀平後舖在可頌麵糰中間，捲起整型完成擺盤最後發酵，發酵溫度 28 度 90 分鐘。
6. 烤焙條件：以上火 180 度、下火 200 度烤 10 分鐘，接著降溫以上火 160 度、下火 180 度續烤 6 分鐘。

主麵糰

材料	重量	百分比
高筋麵粉	700 g	70%
法國麵包粉	300 g	30%
細砂糖	80 g	8%
鹽	20 g	2%
乾酵母	15 g	1.5%
全蛋	100 g	10%
水	420 g	42%
無鹽奶油	50 g	5%
法國老麵	150 g	15%
裹入油	400 g	40%

白皮

高筋麵粉	100 g
低筋麵粉	100 g
細砂糖	30 g
白油	70 g
水	90 g

麥芽糖餡

糖粉	400 g
麥芽糖	100 g
無鹽奶油	50 g
低筋麵粉	200 g
蜂蜜	40 g
水	30 g

主廚小叮嚀 *Chef's Note:*

麥芽糖餡操作時的軟硬度可用無鹽奶油及水去微調，需注意的是，愈軟的麥芽糖餡經過高溫烤焙，流動性會變快，造成可頌成品周圍爆餡情形。

雪 Q 酥頌

製作步驟

1. 雪 Q 餡製作：將無鹽奶油放入平底鍋加熱融化、倒入綿花糖拌至融化，依序放入鹽、奶粉、餅乾、碎核桃、夏威夷豆、蔓越莓乾拌均勻，壓扁冷卻備用。
2. 可頌麵糰製作：乾酵母先與水預溶，再將剩餘材料倒入攪拌缸攪拌至 6 ～ 7 分麵筋，室溫基本發酵 30 分鐘，壓平冰入冷凍備用或 1 小時後使用。
3. 可頌麵糰裹入油後以 3 折 1 次、4 折 1 次方式折疊（每折疊完後進行冷藏鬆弛 30 分鐘再進行下一次壓延），可頌麵糰取出後直接開酥壓延至厚度 0.3 公分，進行裁切 11 x 25 公分等腰三角型。
4. 表面用毛刷沾水濕潤，捲起整型成牛角狀擺盤最後發酵。
5. 最後發酵溫度 28 度、80 分鐘，體積為原來 0.5 倍大即可烤焙。
6. 烤焙條件：表面刷蛋液以上火 200 度、下火 200 度烤 20 分鐘，出爐冷卻後剖開，夾入裁切適當大小的雪 Q 餡，撒上糖粉點綴裝飾。

主麵糰

材料	重量	百分比
高筋麵粉	700 g	70%
法國麵包粉	300 g	30%
細砂糖	80 g	8%
鹽	20 g	2%
乾酵母	15 g	1.5%
全蛋	100 g	10%
水	420 g	42%
無鹽奶油	50 g	5%
法國老麵	150 g	15%
裹入油	400 g	40%

雪 Q 餡

白綿花糖	150 g
奇福餅乾	150 g
奶粉	50 g
無鹽奶油	40 g
碎核桃（烘烤）	60 g
夏威夷豆（烘烤）	60 g
蔓越莓乾	60 g
鹽	1 g

表面裝飾

糖粉	適量

主廚小叮嚀 *Chef's Note:*

雪 Q 餡的甜度可依照個人喜好增減棉花糖的用量，棉花糖用量愈高，口感愈鬆軟，反之則愈紮實，甜度適中；雪 Q 餡在鍋中拌合完成階段即移至矽利康熱烤模，趁熱壓至所需厚度大小，讓它冷卻定型再進行裁切。

石榴菊花香頌

製作步驟

1. 石榴餡製作：將所有材料混合均勻備用。
2. 可頌麵糰製作：乾酵母先與水預溶，再將剩餘材料倒入攪拌缸攪拌至 6 ～ 7 分麵筋，室溫基本發酵 30 分鐘，壓平冰入冷凍備用或 1 小時後使用。
3. 可頌麵糰裹入油後以 3 折 1 次、4 折 1 次方式折疊（每折疊完後進行冷藏鬆弛 30 分鐘再進行下一次壓延），可頌麵糰取出後直接開酥、壓延至厚度 0.3 公分，裁切 6 片寬 2 x 6 公分長條，中間擠上適量石榴果餡，前端用毛刷沾水濕潤進行前後接合剖面朝上，放入花型模最後發酵。
4. 最後發酵溫度 28 度、90 分鐘，體積為原來 0.5 倍大即可烤焙。
5. 烤焙條件：表面刷蛋液以上火 190 度、下火 210 度烤 25 分鐘。

主麵糰

材料	重量	百分比
高筋麵粉	700 g	70%
法國麵包粉	300 g	30%
細砂糖	80 g	8%
鹽	20 g	2%
乾酵母	15 g	1.5%
全蛋	100 g	10%
水	420 g	42%
無鹽奶油	50 g	5%
法國老麵	150 g	15%
裹入油	400 g	40%

石榴果餡

材料	重量
杏仁膏	230 g
蛋白	15 g
石榴果泥	60 g

主廚小叮嚀 *Chef's Note:*

菊花香頌由於裁切的麵糰較小片，會隨著操作時間軟化而不易操作，建議將裁切好的長條麵糰先冰至冷藏，視個人操作速度再從冷藏取出整型，最佳工作環境溫度為 22 正負 2 度。

千層可頌煙捲

製作步驟

1. 牛奶格司餡製作：將玉米粉、低筋麵粉、細砂糖、雞蛋、蛋黃攪拌均勻成麵糊狀，牛奶煮熱約 90 度，沖入麵糊快速攪拌，用小火攪拌煮成濃稠狀，最後將無鹽奶油放入混合均勻冷卻備用。
2. 可頌麵糰製作：乾酵母先與水預溶，將剩餘材料倒入攪拌缸攪拌至 6 ～ 7 分麵筋，室溫基本發酵 30 分鐘，壓平冰入冷凍備用或 1 小時後使用。
3. 可頌麵糰裹入油後以 3 折 1 次、4 折 1 次方式折疊（每折疊完後進行冷藏鬆弛 30 分鐘再進行下一次壓延），可頌麵糰取出後直接開酥展延至厚度 0.5 公分，進行裁切寬 2 x 23 公分長條，順時針綁在管型烤模底部接縫處，壓緊擺盤最後發酵。
4. 最後發酵溫度 28 度 60 分鐘，體積為原來 0.5 倍大即可烤焙。
5. 烤焙條件：表面刷蛋液以上火 210 度、下火 200 度烤 18 分鐘，出爐冷卻後將中間灌入牛奶格司餡，表面用鏡面果膠及花生酥粒點綴裝飾。

主麵糰

材料	重量	百分比
法國麵包粉	1000 g	100%
細砂糖	80 g	8%
鹽	18 g	1.8%
乾酵母	15 g	1.5%
水	280 g	28%
牛奶	280 g	28%
無鹽奶油	150 g	15%
法國老麵	200 g	20%
裹入油	350 g	35%

牛奶格司餡

材料	重量
牛奶	400 g
細砂糖	100 g
玉米粉	200 g
低筋麵粉	40 g
雞蛋	100 g
蛋黃	50 g
細砂糖	50 g
無鹽奶油	35 g

表面裝飾

材料	重量
鏡面果膠	適量
花生酥粒	適量

主廚小叮嚀 *Chef's Note:*

長條型的可頌麵糰綁在管型烤模上，需注意前後端接縫處重疊並壓緊再擺盤發酵，否則在最後發酵完成接縫容易分離而影響外觀。

脆皮巧克力可頌

製作步驟

1. 巧克力脆皮製作：將所有材料混合攪拌均勻備用。
2. 可頌麵糰製作：乾酵母先與水預溶，再將剩餘材料倒入攪拌缸攪拌至 6 ～ 7 分麵筋，室溫基本發酵 30 分鐘、壓平冰入冷凍備用或 1 小時後使用。
3. 可頌麵糰裏入油後以 3 折 1 次、4 折 1 次方式折疊（每折疊完後進行冷藏鬆弛 30 分鐘再進行下一次壓延），可頌麵糰取出後直接開酥壓延至厚度 0.3 公分，進行裁切 11 x 25 公分等腰三角型，表面用毛刷沾水濕潤、捲起整型成牛角狀，分割巧克力脆皮 30 克壓扁舖在可頌麵糰上，擺盤最後發酵。
4. 最後發酵溫度 28 度、80 分鐘，體積為原來 0.5 倍大即可烤焙。
5. 烤焙條件：表面刷蛋液以上火 200 度、下火 200 度烤 18 分鐘。

主麵糰

材料	重量	百分比
高筋麵粉	700 g	70%
法國麵包粉	300 g	30%
細砂糖	80 g	8%
鹽	20 g	2%
乾酵母	15 g	1.5%
全蛋	100 g	10%
水	420 g	42%
無鹽奶油	50 g	5%
法國老麵	150 g	15%
裏入油	400 g	40%

巧克力脆皮

無鹽奶油	90 g
細砂糖	170 g
雞蛋	50 g
杏仁粉	30 g
高筋麵粉	200 g
可可粉	30 g

主廚小叮嚀 *Chef's Note:*

巧克力脆皮麵糰可稍微沾些麵粉搓成微長條，壓扁後用切麵刀由工作台桌面鏟起後覆蓋在可頌麵糰上，可頌麵糰表面如太乾燥，噴些霧水再進行蓋皮動作。

蒜香乳酪可頌

製作步驟

1. 蒜醬製作：無鹽奶油、鹽、乾燥巴西里葉、新鮮蒜泥混合攪拌均勻備用。
2. 乳酪餡製作：奶油乳酪、細砂糖、動物性鮮奶油混合攪拌均勻冷藏備用。
3. 可頌麵糰製作：乾酵母先與水預溶，再將剩餘材料倒入攪拌缸攪拌至 6 ～ 7 分麵筋，室溫基本發酵 30 分鐘，壓平冰入冷凍備用或 1 小時後使用。
4. 可頌麵糰裹入油後以 3 折 1 次、4 折 1 次方式折疊（每折疊完後進行冷藏鬆弛 30 分鐘再進行下一次壓延），將可頌麵糰整型成 30 x 30 公分，可頌麵糰取出後直接開酥壓延至厚度 0.3 公分，進行裁切 11 x 25 公分等腰三角型。
5. 表面用毛刷沾水濕潤，捲起整型成牛角狀擺盤最後發酵。
6. 最後發酵溫度 28 度、80 分鐘，體積為原來 0.5 倍大即可烤焙。
7. 烤焙條件：表面刷蛋液以上火 200 度、下火 200 度烤 22 分鐘出爐冷卻備用。
8. 將可頌麵包從中間剖開擠入適量奶油乳酪餡，蒜醬隔水加熱至完全融化，將可頌麵包整個沾滿蒜醬，擺盤用上火 230 度、下火 0 度烤 5 分鐘。

主麵糰

材料	重量	百分比
高筋麵粉	700 g	70%
法國麵包粉	300 g	30%
細砂糖	80 g	8%
鹽	20 g	2%
乾酵母	15 g	1.5%
全蛋	100 g	10%
水	420 g	42%
無鹽奶油	50 g	5%
法國老麵	150 g	15%
裹入油	400 g	40%

蒜醬

材料	重量
無鹽奶油	500 g
鹽	10 g
乾燥巴西里葉	30 g
新鮮蒜泥	100 g

奶油乳酪餡

材料	重量
奶油乳酪	500 g
細砂糖	125 g
動物鮮奶油	30 g

主廚小叮嚀 *Chef's Note:*

以原味可頌麵包進行後置調理，在切剖可頌時力道需輕盈，下切深度約 7 分即可。蒜醬經隔水加熱後內容物如有分層現象，用打蛋器攪拌均勻再進行蒜醬沾裹的動作，後置烘烤的時間不宜過長以免麵包太乾。

大理石可頌

製作步驟

1. 大理石皮製作：所有材料攪拌至光滑面分割 80 公克，將黑炭可可粉與水混合均勻，再與 80 公克大理石皮混合攪拌成黑麵糰，室溫醒麵靜置 1 小時備用；白麵糰包黑麵糰進行二次擀捲，冰入冷凍 30 分鐘，麵糰取出切片 0.5 公分厚冷藏備用。
2. 可頌麵糰製作：乾酵母先與水預溶，再將剩餘材料倒入攪拌缸攪拌至 6 ～ 7 分麵筋，室溫基本發酵 30 分鐘、壓平冰入冷凍備用或 1 小時後使用。
3. 可頌麵糰裹入油後以 3 折 1 次、4 折 1 次方式折疊（每折疊完後進行冷藏鬆弛 30 分鐘再進行下一次壓延），將可頌麵糰整型成 30 x 30 公分，表面用毛刷濕潤，再把大理石切片平貼在可頌麵糰表面，直接開酥壓延至厚度 0.3 公分，進行裁切 9 x 25 公分等腰三角型。
4. 大理石皮朝下，內部表面用毛刷沾水濕潤，前端放上適量水滴巧克豆、捲起整型成牛角狀擺盤最後發酵。
5. 最後發酵溫度 28 度、80 分鐘，體積為原來 0.5 倍大即可烤焙。
6. 烤焙條件：以上火 160 度、下火 210 度烤 18 分鐘。

主麵糰

材料	重量	百分比
高筋麵粉	700 g	70%
法國麵包粉	300 g	30%
細砂糖	80 g	8%
鹽	20 g	2%
乾酵母	15 g	1.5%
全蛋	100 g	10%
水	420 g	42%
無鹽奶油	50 g	5%
法國老麵	150 g	15%
裹入油	400 g	40%

大理石皮

材料	重量
高筋麵粉	150 g
低筋麵粉	150 g
白油	110 g
水	140 g

染色黑炭可可粉

材料	重量
黑炭可可粉	30 g
水	15 g

內餡

材料	重量
水滴巧克力豆	適量

主廚小叮嚀 *Chef's Note:*

大理石造型外皮捲好後冷凍冰至軟硬適中再進行切片，大理石切片確實緊貼於可頌麵糰上，貼面不可有小縫隙，可將大理石皮稍微拉成枋棰狀再進行覆貼。

杏仁酥頌

製作步驟

1. 杏仁瓦片製作：先將蛋白、雞蛋、糖粉、低筋麵粉、泡打粉、鹽攪拌勻勻，最後將杏仁片混合均勻，壓平約 0.5 公分厚冰入冷藏備用。
2. 杏仁餡製作：所有材料攪拌均勻備用。
3. 可頌麵糰製作：乾酵母先與水預溶，再將剩餘材料倒入攪拌缸攪拌至 6 ～ 7 分麵筋，室溫基本發酵 30 分鐘，壓平冰入冷凍備用或 1 小時後使用。
4. 可頌麵糰裹入油後以 3 折 1 次、4 折 1 次方式折疊（每折疊完後進行冷藏鬆弛 30 分鐘再進行下一次壓延），可頌麵糰取出後直接開酥壓延至厚度 1.5 公分對切成兩片，取 1 片抹上杏仁醬、再將另 1 片重疊覆蓋上去貼緊，用直徑 6 公分圓型餅乾模壓出可頌麵糰、表面刷上蛋液，用餅乾模壓出杏仁瓦片覆蓋貼緊，放入布丁杯烤模最後發酵。
5. 最後發酵溫度 28 度、80 分鐘，體積為原來 0.5 倍大即可烤焙。
6. 烤焙條件：表面刷蛋液用杏仁片點綴裝飾，以上火 190 度、下火 210 度烤 20 分鐘出爐脫模冷卻。

主麵糰

材料	重量	百分比
高筋麵粉	700 g	70%
法國麵包粉	300 g	30%
細砂糖	80 g	8%
鹽	20 g	2%
乾酵母	15 g	1.5%
全蛋	100 g	10%
水	420 g	42%
無鹽奶油	50 g	5%
法國老麵	150 g	15%
裹入油	400 g	40%

杏仁瓦片

材料	重量
蛋白	150 g
雞蛋	50 g
糖粉	200 g
低筋麵粉	150 g
泡打粉	2 g
鹽	1 g
杏仁片	400 g

杏仁餡

材料	重量
杏仁粉	100 g
糖粉	100 g
雞蛋	50 g

主廚小叮嚀 *Chef's Note:*

由於杏仁酥頌中間夾入杏仁醬，表面又覆蓋一層杏仁瓦片，麵包整體高度及承載量較高，建議烤焙時運用高桶形模具框住定型，如果直接烤焙，會因為可頌麵糰中心的餡料及各層次的油脂在高溫烤焙膨脹造成組織滑動而崩塌，影響外觀。

豬排蘆筍佐龍蝦沙拉

製作步驟

1. 可頌麵糰製作：乾酵母先與水預溶，再將剩餘材料倒入攪拌缸攪拌至 6 ～ 7 分麵筋，室溫基本發酵 30 分鐘，壓平冰入冷凍備用或 1 小時後使用。
2. 可頌麵糰裹入油後以 3 折 1 次、4 折 1 次方式折疊（每折疊完後進行冷藏鬆弛 30 分鐘再進行下一次壓延），可頌麵糰取出後直接開酥壓延至厚度 0.3 公分，進行裁切 9 x 25 公分等腰三角型。
3. 表面用毛刷沾水濕潤，前端放上炸豬排條、2 根蘆筍，捲起整型成牛角狀擺盤最後發酵。
4. 最後發酵溫度 28 度、80 分鐘，體積為原來 0.5 倍大即可烤焙。
5. 烤焙條件：表面刷蛋液以上火 200 度、下火 200 度烤 18 分鐘出爐冷卻。
6. 可頌麵包擠上龍蝦沙拉撒海苔點綴裝飾。

主麵糰

材料	重量	百分比
高筋麵粉	700 g	70%
法國麵包粉	300 g	30%
細砂糖	80 g	8%
鹽	20 g	2%
乾酵母	15 g	1.5%
全蛋	100 g	10%
水	420 g	42%
無鹽奶油	50 g	5%
法國老麵	150 g	15%
裹入油	400 g	40%

配料

炸豬排（切條）	適量
新鮮蘆筍	適量

表面裝飾

龍蝦沙拉	適量
海苔粉	適量

主廚小叮嚀 *Chef's Note:*

新鮮蘆筍外露在可頌麵包外進行烤焙，需注意烤焙溫度及時間以免烤焦而造成口感不佳；豬排可炸半熟後再切條，包覆在麵包烤焙後口感才不會太乾。

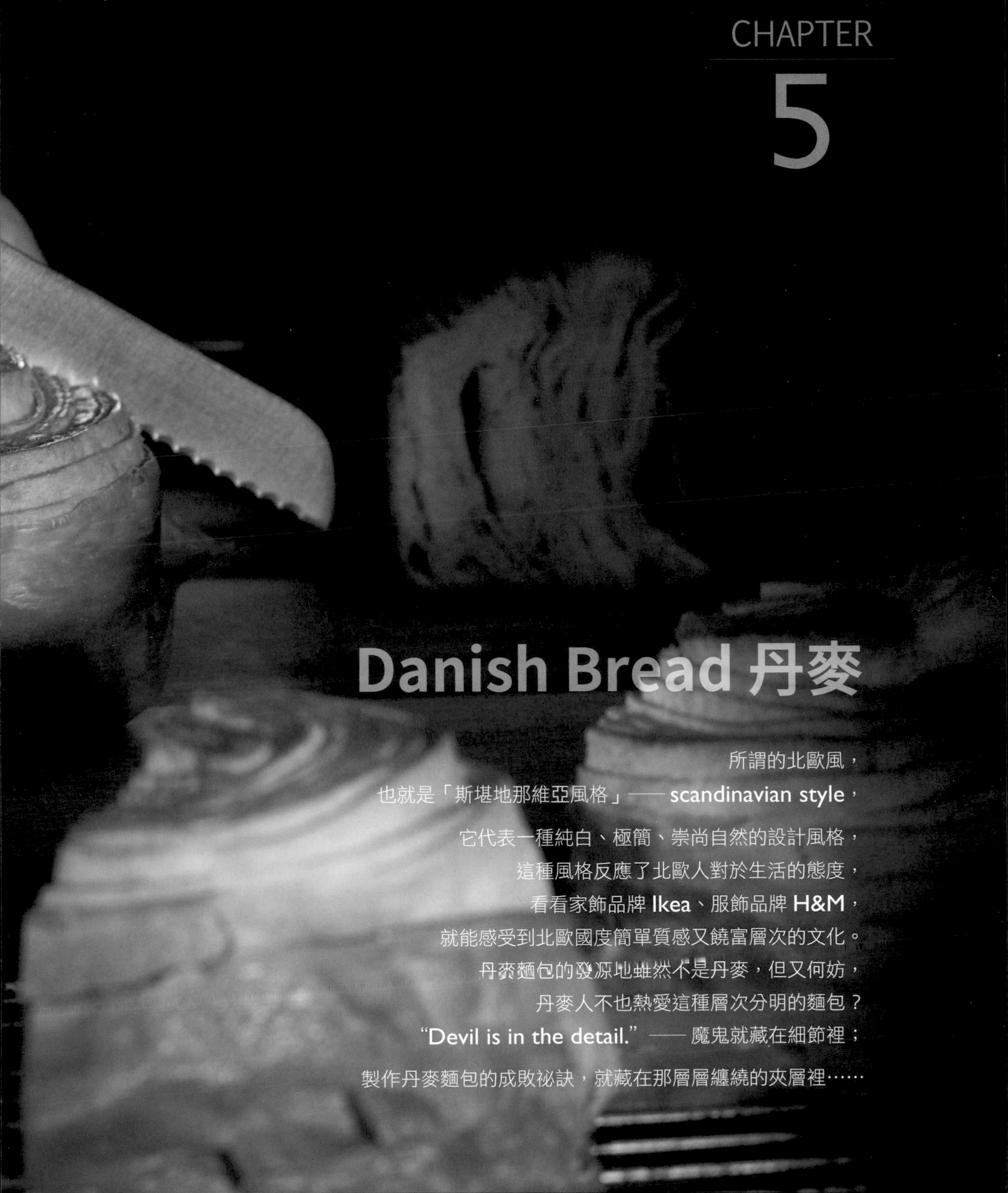

CHAPTER

5

Danish Bread 丹麥

所謂的北歐風，

也就是「斯堪地那維亞風格」── scandinavian style，

它代表一種純白、極簡、崇尚自然的設計風格，

這種風格反應了北歐人對於生活的態度，

看看家飾品牌 Ikea、服飾品牌 H&M，

就能感受到北歐國度簡單質感又饒富層次的文化。

丹麥麵包的發源地雖然不是丹麥，但又何妨，

丹麥人不也熱愛這種層次分明的麵包？

“Devil is in the detail.” ── 魔鬼就藏在細節裡；

製作丹麥麵包的成敗祕訣，就藏在那層層纏繞的夾層裡……

丹麥的飲食文化

有著風靡世界的多層次酥軟構造，口感有別於其他種類麵包，使得丹麥麵包在世界各地享譽盛名。雖然人們稱之為丹麥麵包，但其實這種麵包發源自奧地利維也納，因此丹麥當地人大多習慣稱呼它為「維也納麵包」。有趣的是，由於源自奧地利維也納，因此丹麥人稱它為維也納麵包，相反地在奧地利，人們卻將酥皮麵包統稱為「哥本哈根麵包」，是奧地利公認的丹麥代表作。

在發酵麵糰中裹入奶油，折疊、包餡、整型後再送進烤箱烘焙，奶油的香濃風味以及外皮酥脆、內裡柔軟的口感，是丹麥麵包最大特色，加上如以不同的餡料及裝飾增添不同風味，可以製作出各式多變的麵包。從早餐、下午茶點心到豪華的節慶餐宴都能夠看到丹麥麵包的蹤影。

除了酥皮類點心，丹麥麵包有其他不同種類的餐用麵包，如黑麥麵包、以小麥粉製成的白麵包。傳統的丹麥麵包適合搭配咖啡、紅茶一起享用，早上會適合選擇口味較淡的白麵包，晚餐則可搭配餐點享用黑麥麵包。

哥本哈根麵包的特色是麵糰奶油含量較高，因此外皮特別酥脆、內裡鬆軟，整體呈現扁平形狀；內餡口味多變，多由牛奶醬、蜂蜜和葡萄乾調配而成，與酥皮融合出豐富的層次感。這種麵包剛出爐時最美味，如果已經冷卻一段時間，可以用烤箱稍微加熱，就能回復原本口感了。

經典手撕包（原味）

主麵糰

材料	重量	百分比
高筋麵粉	550 g	100%
法國麵包粉	550 g	
細砂糖	80 g	7%
水	450 g	41%
奶油	50 g	5%
乾酵母	15 g	1.4%
雞蛋	100 g	9%
鹽	17 g	1.5%
法國老麵	250 g	23%
片狀奶油	500 g	46%

法國老麵糰

材料	重量
法國麵包粉	500 g
乾酵母	4 g
鹽	10 g
水	350 g

表面裝飾

材料	重量
楓糖漿	適量

製作步驟

1. 丹麥麵糰製作：乾酵母先與水預溶，再將剩餘材料倒入攪拌缸攪拌至6～7分麵筋，室溫基本發酵 30 分鐘，壓平冰入冷凍備用或 1 小時後使用。

2. 丹麥麵糰裹入油後以 3 折 1 次、4 折 1 次方式折疊（每次折疊完後進行冷藏，鬆弛 30 分鐘再進行下一次壓延），丹麥麵糰取出後直接開酥壓延至厚度 2 公分、長 40 公分的長方型，麵糰表面用毛刷濕潤，左右對折一次、中間再對折裁切寬6公分後，剖面朝上放入 6 吋蛋糕模最後發酵。

3. 最後發酵溫度 28 度、120 分鐘，體積為原來 1 倍大即可烤焙。

4. 烤焙條件：表面刷蛋液以上火 150 度、下火 220 度烤 35 分鐘，出爐後表面刷上楓糖漿。

主廚小叮嚀　*Chef's Note:*

製作裹油丹麥類麵包需注意麵糰冷藏鬆弛時間、麵糰硬度及裹入片狀油兩者之間的軟硬度及溫度，以免造成麵糰及裹入油經延壓過後不均勻而導致層次不分明。丹麥麵糰屬較硬質生麵糰，配方中若使用乾酵母，應預先溶於常溫水再倒入與麵粉進行攪拌，如使用新鮮酵母則直接與配方一起攪拌使用。

麵糰折疊步驟

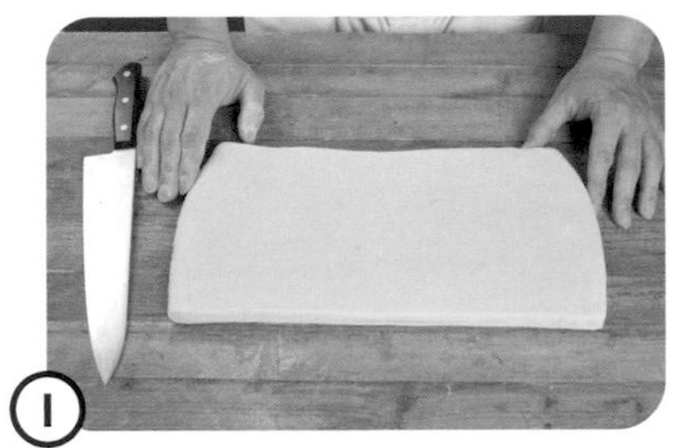

1 丹麥麵糰裹入油後以 3 折 1 次、4 折 1 次方式折疊（每次折疊完後進行冷藏，鬆弛 30 分鐘再進行下一次壓延）。

2 丹麥麵糰取出後直接開酥壓延至厚度 2 公分、長 40 公分的長方型。

3 麵糰表面用毛刷濕潤，左右對折一次。

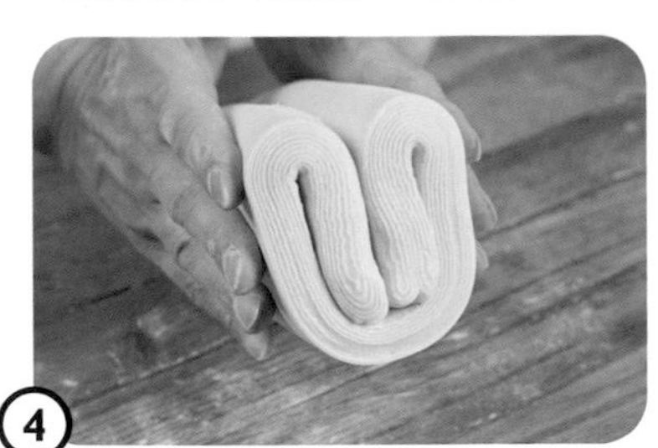

4 左右對折一次後中間再對折。

5 裁切寬 6 公分。

6 剖面朝上放入 6 吋蛋糕模最後發酵。

丹麥酥菠蘿

製作步驟

1. 丹麥麵糰製作：乾酵母先與水預溶再將剩餘材料倒入攪拌缸攪拌至 6 ～ 7 分麵筋，室溫基本發酵 30 分鐘壓平冰入冷凍備用或 1 小時後使用。

2. 可頌麵糰裹入油後以 3 折 1 次、4 折 1 次方式折疊（每折疊完後進行冷藏鬆弛 30 分鐘再進行下一次壓延），壓至厚度 0.3 公分裁切 10 x 10 公分之正方型再將四邊角對折備用（麵糰重量 80 公克，不足取部分麵糰補足），將酥菠蘿油與適量高筋麵粉、花生碎粒進行手拌方式成糰，將丹麥麵糰噴些霧水濕潤用手捏合酥菠蘿皮整型成圓形擺盤最後發酵。

3. 最後發酵溫度 28 度、80 分鐘，體積為原來 1 倍大即可烤焙。

4. 烤焙條件：表面刷蛋黃液以上火 200 度、下火 210 度烤 20 分鐘。

主麵糰

材料	重量	百分比
高筋麵粉	700 g	70%
法國麵包粉	300 g	30%
奶粉	30 g	3%
細砂糖	100 g	10%
鹽	20 g	2%
乾酵母	15 g	1.5%
雞蛋	100 g	10%
動物性鮮奶油	100 g	10%
冰水	400 g	40%
無鹽奶油	50 g	5%
裹入油	400 g	40%

酥菠蘿油

無鹽奶油	200 g
無水奶油	200 g
糖粉	300 g
雞蛋	150 g

酥菠蘿皮

高筋麵粉	適量
花生碎粒	適量

表面裝飾

蛋黃液	適量

主廚小叮嚀 *Chef's Note:*

菠蘿皮大小可視製做麵包重量來拿捏，因為菠蘿皮如果太早製作成糰備用，操作起來會偏乾燥，覆蓋捏合麵糰時容易龜裂脫落、不好整型。

麵糰折疊步驟

1 將菠蘿奶油與適量高筋麵粉、花生碎粒切拌混合成糰。

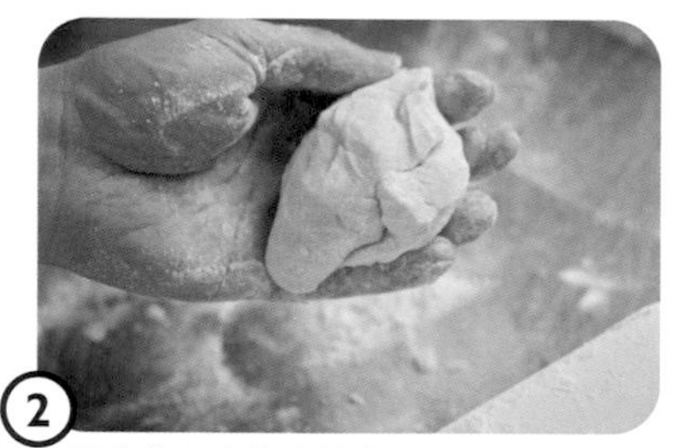
2 用菠蘿奶油與高筋麵粉調整酥菠蘿皮至適當好操作的軟硬度。

3 分割約 30 公克大小菠蘿皮。

4 先將丹麥麵糰四邊角對折。

5 將丹麥麵糰四邊角均勻對折。

6 菠蘿皮表面沾手粉。

7 將丹麥麵糰與菠蘿皮貼合。

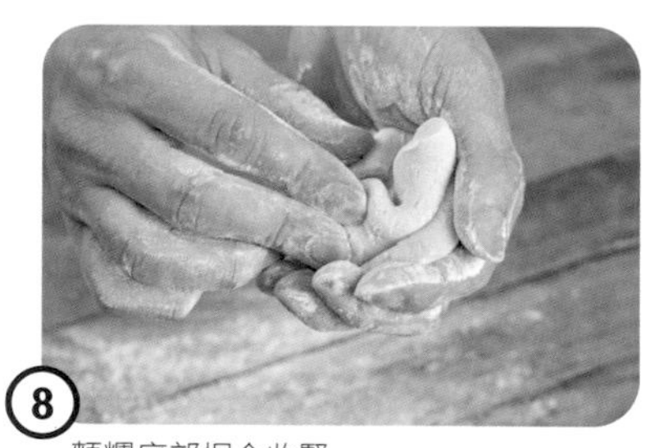
8 麵糰底部捏合收緊。

麵糰折疊步驟

底部確實捏合收緊。

捏合後用手稍微整型。

菠蘿外皮覆蓋麵糰 80 ～ 90%。

整型完成。

表面可用刮板輕輕切壓小方格造型。

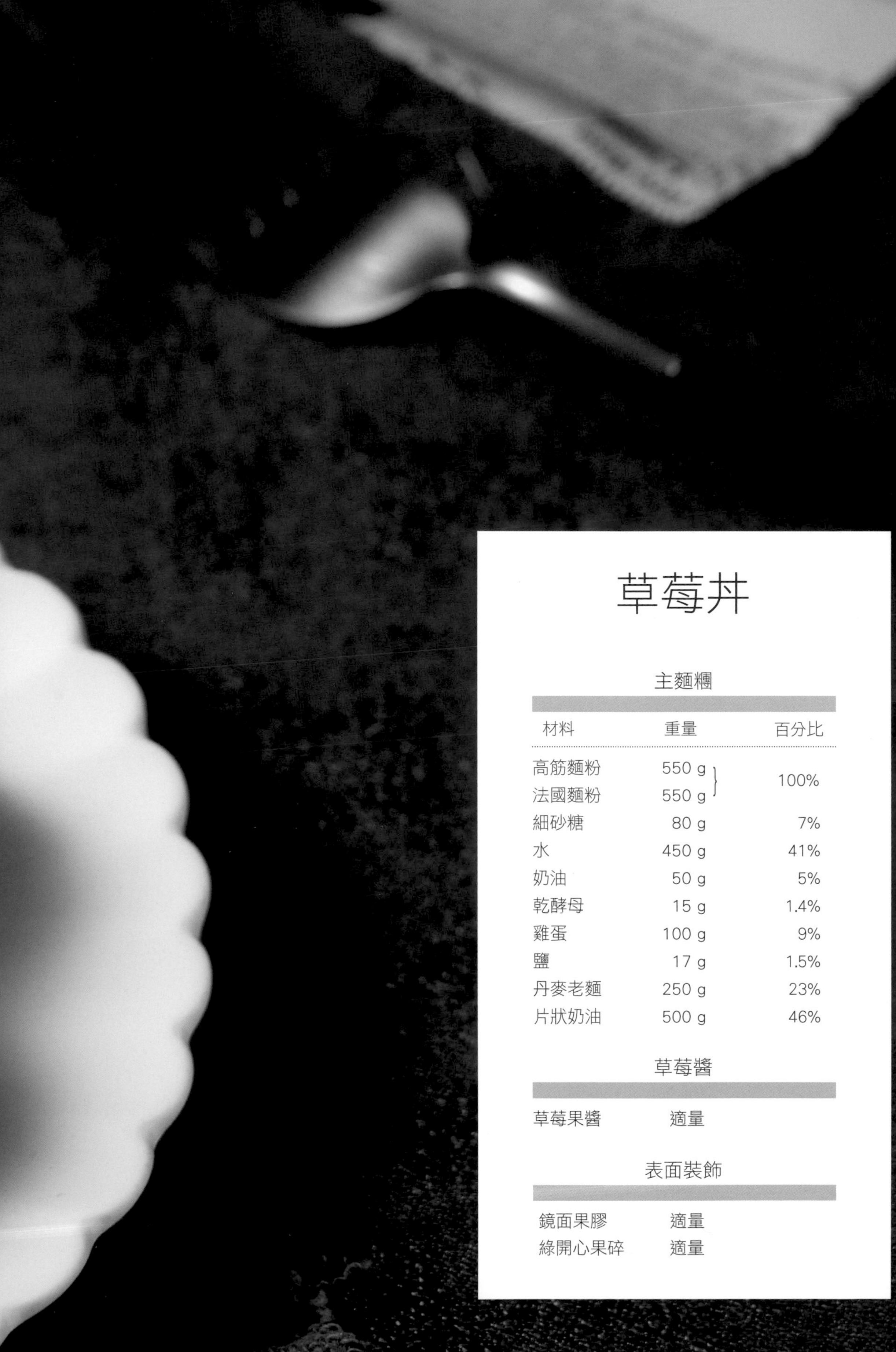

草莓丼

主麵糰

材料	重量	百分比
高筋麵粉	550 g	100%
法國麵粉	550 g	
細砂糖	80 g	7%
水	450 g	41%
奶油	50 g	5%
乾酵母	15 g	1.4%
雞蛋	100 g	9%
鹽	17 g	1.5%
丹麥老麵	250 g	23%
片狀奶油	500 g	46%

草莓醬

草莓果醬	適量

表面裝飾

鏡面果膠	適量
綠開心果碎	適量

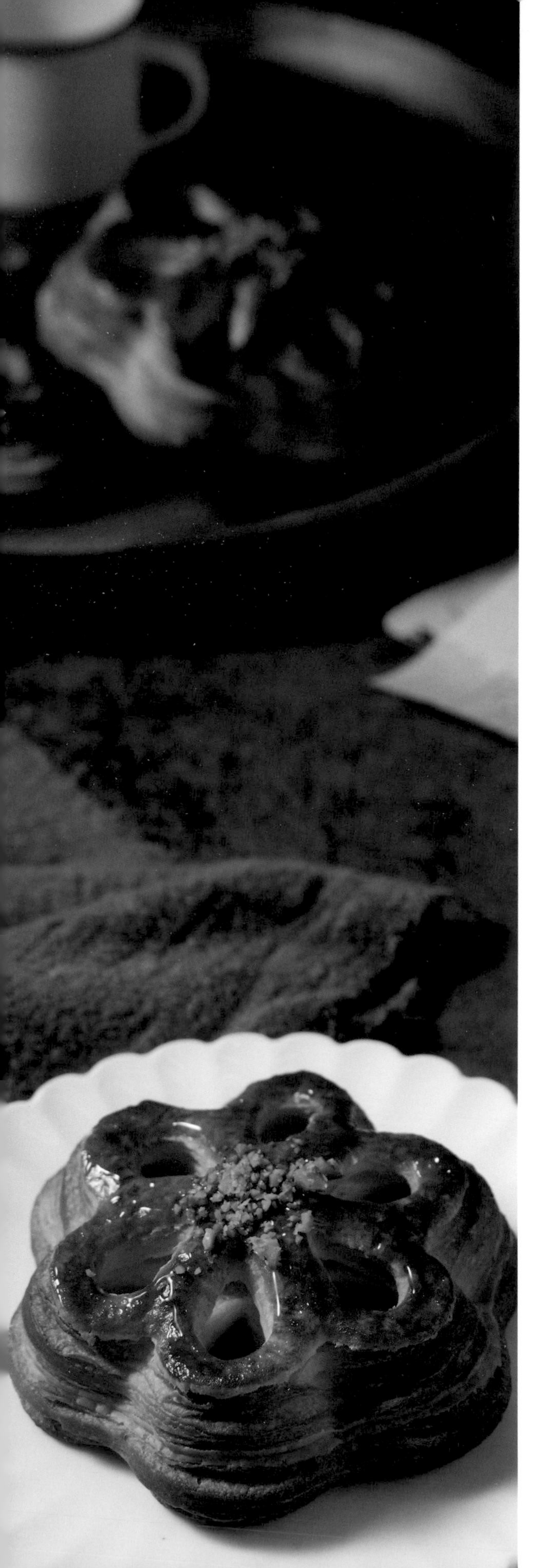

製作步驟

1. 丹麥麵糰製作：乾酵母先與水預溶再將剩餘材料倒入攪拌缸攪拌至 6 ～ 7 分麵筋，室溫基本發酵 30 分鐘壓平冰入冷凍備用或 1 小時後使用。

2. 丹麥麵糰裹入油後以 3 折 1 次、4 折 1 次方式折疊（每折疊完後進行冷藏鬆弛 30 分鐘再進行下一次壓延），丹麥麵糰取出後直接開酥壓延至厚 0.5 公分，冰入冷凍 15 分鐘取出用花形模壓 2 片，取 1 片用水滴狀壓模將花朵挖空。

3. 在每朵花形麵糰中間擠上適量草莓果醬，接著蓋上濕潤的花形鏤空麵皮，用圓形模輕壓密合周圍擺盤最後發酵。

4. 最後發酵溫度 28 度、120 分鐘，體積為原來 1 倍大即可烤焙。

5. 表面刷蛋液以上火 190 度、下火 200 度烤 18 分鐘。

6. 出爐冷卻刷上鏡面果膠，中心用綠開心果碎點綴裝飾。

主廚小叮嚀　*Chef's Note:*

丹麥麵糰開酥壓至麵帶冰入冷凍鬆弛再進行壓模，因為冰硬的麵帶經過壓模成型及手部整型時較不易因拉扯而變形，這會影響麵糰在最後發酵完再經由烤焙定型的外觀。

麵糰折疊步驟

1 用花型模壓出花型丹麥麵糰。

2 取一片用水滴模在花邊壓出空心造型。

3 用水滴模將花邊挖空。

4 另一片丹麥麵糰中間擠上適量草莓果醬。

5 將造型麵糰覆蓋上去。

6 麵糰造型完成。

髒髒包

主麵糰

材料	重量	百分比
高筋麵粉	700 g	70%
法國麵包粉	300 g	30%
奶粉	30 g	3%
細砂糖	100 g	10%
鹽	20 g	2%
乾酵母	15 g	1.5%
雞蛋	100 g	10%
動物性鮮奶油	100 g	10%
冰水	400 g	40%
無鹽奶油	50 g	5%
裹入油	400 g	40%

內餡

巧克力棒	2 支

表面裝飾

免調溫巧克力	適量
可可粉	適量

製作步驟

1. 丹麥麵糰製作：乾酵母先與水預溶，再將剩餘材料倒入攪拌缸攪拌至 6 ～ 7 分麵筋，室溫基本發酵 30 分鐘，壓平冰入冷凍備用或 1 小時後使用。

2. 丹麥麵糰裹入油後以 3 折 1 次、4 折 1 次方式折疊（每折疊完後進行冷藏鬆弛 30 分鐘再進行下一次壓延），壓至厚度 0.3 公分，裁切 8.5 x 15 公分之長方型，前端放 1 支巧克力棒捲起，再放 1 支巧克力棒捲起成圓筒狀，底部收口壓緊擺盤最後發酵。

3. 最後發酵溫度 28 度、80 分鐘，體積為原來 1 倍大即可烤焙。

4. 表面刷蛋液，以上火 200 度、下火 200 度烤 18 分鐘出爐冷卻。

5. 將免調溫巧克力隔水加熱至完全融化，再將丹麥麵包表體沾滿巧克力醬，最後撒上可可粉點綴裝飾。

主廚小叮嚀　*Chef's Note:*

丹麥麵包在包餡整型前底部收口處可稍為壓扁，可防止烤焙彈性膨脹而導致產品底部收口翻起影響產品整體外觀。

麵糰折疊步驟

1 丹麥麵糰底部壓扁。

2 將巧克力棒擺放至麵糰前端 1/4 處。

3 麵糰捲起稍為輕壓收口。

4 擺放第 2 支巧克力棒至收口處。

5 麵糰捲起。

6 麵糰捲起至底部收口處按壓。

綠環

主麵糰

材料	重量	百分比
高筋麵粉	700 g	70%
低筋筋粉	300 g	30%
奶粉	30 g	3%
細砂糖	100 g	10%
鹽	20 g	2%
乾酵母	15 g	1.5%
全蛋	100 g	10%
動物性鮮奶油	100 g	10%
冰水	400 g	40%
無鹽奶油	50 g	5%
裹入油	400 g	40%

抹茶皮

高筋粉	100 g
低筋粉	100 g
白油	70 g
抹茶粉	4 g
水	90 g

覆盆子餡

杏仁膏	230 g
蛋白	15 g
覆盆子果泥	60 g

表面裝飾

珍珠糖	適量
蛋液	適量

主廚小叮嚀 *Chef's Note:*

環型麵糰缺口處與長方型麵糰接合處沾水濕潤，確實將收口捏合壓緊，不然丹麥麵糰因高溫高焙膨脹，接口處外翻分離，成品內餡爆露影響外觀。

製作步驟

1. 抹茶皮製作：將所有材料攪拌至麵糰呈平滑且顏色均勻即可。

2. 覆盆子餡製作：將所有材料混合攪拌均勻備用。

3. 將所有材料倒入攪拌缸攪拌至 6 ～ 7 分麵筋，室溫基本發酵 30 分鐘，壓平冰入冷凍或 1 度冷藏 12 小時備用。

4. 丹麥麵糰製作：乾酵母先與水預溶，再將剩餘材料倒入攪拌缸攪拌至 6 ～ 7 分麵筋，室溫基本發酵 30 分鐘，壓平冰入冷凍備用或 1 小時後使用。

5. 丹麥麵糰裹入油後以 3 折 1 次、4 折 1 次方式折疊（每折疊完後進行冷藏鬆弛 30 分鐘再進行下一次壓延），壓至厚度 0.3 公分，裁切 4 x 18 公分長條、3.5 x 8 公分長方型。

6. 將 4 x 18 公分綠色麵皮劃出斜的淺割紋（不劃到底），麵皮翻面擠上覆盆子餡，毛刷沾水濕潤，長方型麵皮捲起成環型、底部收口壓緊，用 3.5 x 8 公分麵糰包覆環型麵糰，缺口底部收口壓緊，擺盤最後發酵。

7. 最後發酵溫度 28 度、80 分鐘，體積為原來 1 倍大即可烤焙。

8. 表面刷蛋液，撒上珍珠糖點綴裝飾，以上火 200 度、下火 200 度烤 18 分鐘。

麵糰折疊步驟

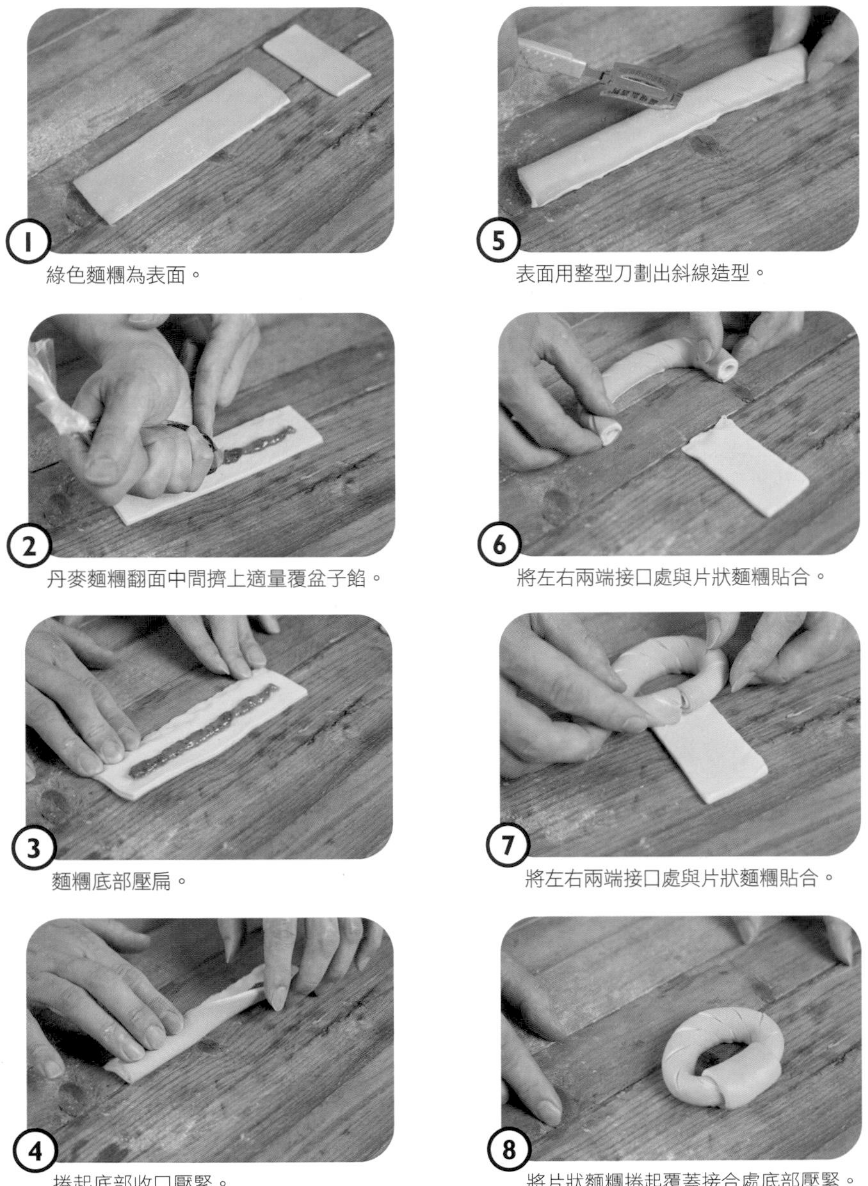

1 綠色麵糰為表面。

2 丹麥麵糰翻面中間擠上適量覆盆子餡。

3 麵糰底部壓扁。

4 捲起底部收口壓緊。

5 表面用整型刀劃出斜線造型。

6 將左右兩端接口處與片狀麵糰貼合。

7 將左右兩端接口處與片狀麵糰貼合。

8 將片狀麵糰捲起覆蓋接合處底部壓緊。

玉米筍佐培根

主麵糰

材料	重量	百分比
高筋麵粉	700 g	70%
法國麵包粉	300 g	30%
奶粉	30 g	3%
細砂糖	100 g	10%
鹽	20 g	2%
乾酵母	15 g	1.5%
雞蛋	100 g	10%
動物性鮮奶油	100 g	10%
冰水	400 g	40%
無鹽奶油	50 g	5%
裹入油	400 g	40%

內餡

玉米筍	1 根
培根片	1 片

製作步驟

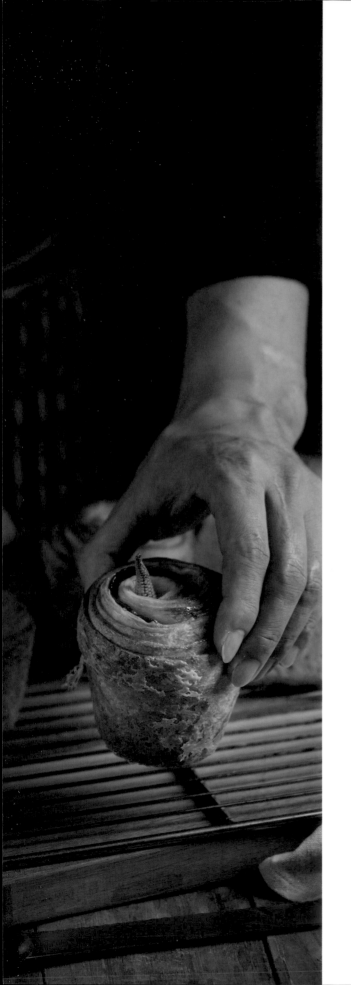

1. 丹麥麵糰製作：乾酵母先與水預溶，再將剩餘材料倒入攪拌缸攪拌至 6 ～ 7 分麵筋，室溫基本發酵 30 分鐘，壓平冰入冷凍備用或 1 小時後使用。

2. 可頌麵糰裹入油後以 3 折 1 次、4 折 1 次方式折疊（每折疊完後進行冷藏鬆弛 30 分鐘再進行下一次壓延），壓至厚度 0.3 公分裁切 6 x 35 公分的長條，鋪上培根片、放上 1 根玉米筍，捲起成圓筒狀，放入布丁杯最後發酵。

3. 最後發酵溫度 28 度、80 分鐘，體積為原來 1 倍大即可烤焙。

4. 表面刷蛋液以上火 190 度、下火 210 度烤 25 分鐘。

主廚小叮嚀 *Chef's Note:*

丹麥麵糰和培根片、玉米筍整型時，在捲起時可捲緊一點，以防止發生培根片與麵糰烤焙後收縮分離，中間的玉米筍因烤焙受熱而下陷的情況。

麵糰折疊步驟

1 食材、麵糰、烤模置於工作檯做準備。

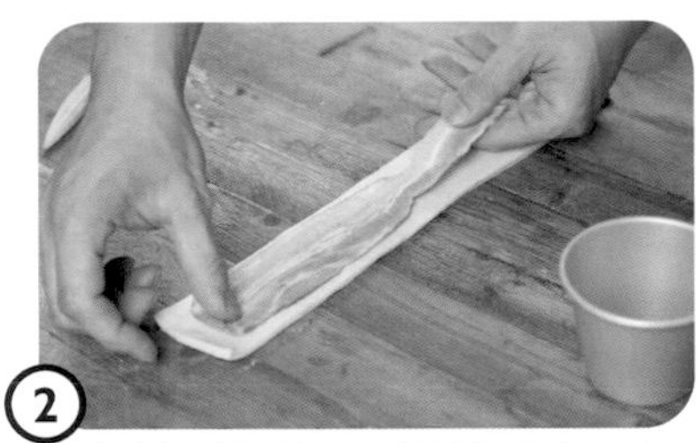

2 將培根片擺放置麵糰前端預留 2 公分。

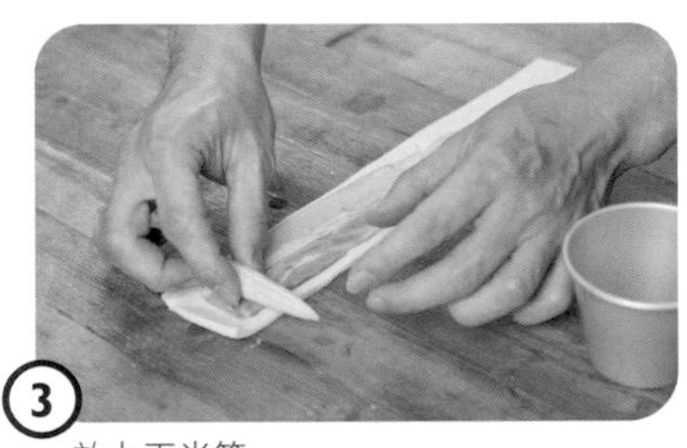

3 放上玉米筍。

4 捲起麵糰。

5 麵糰捲起至底部收口壓緊。

6 麵糰整型完成放入布丁杯。

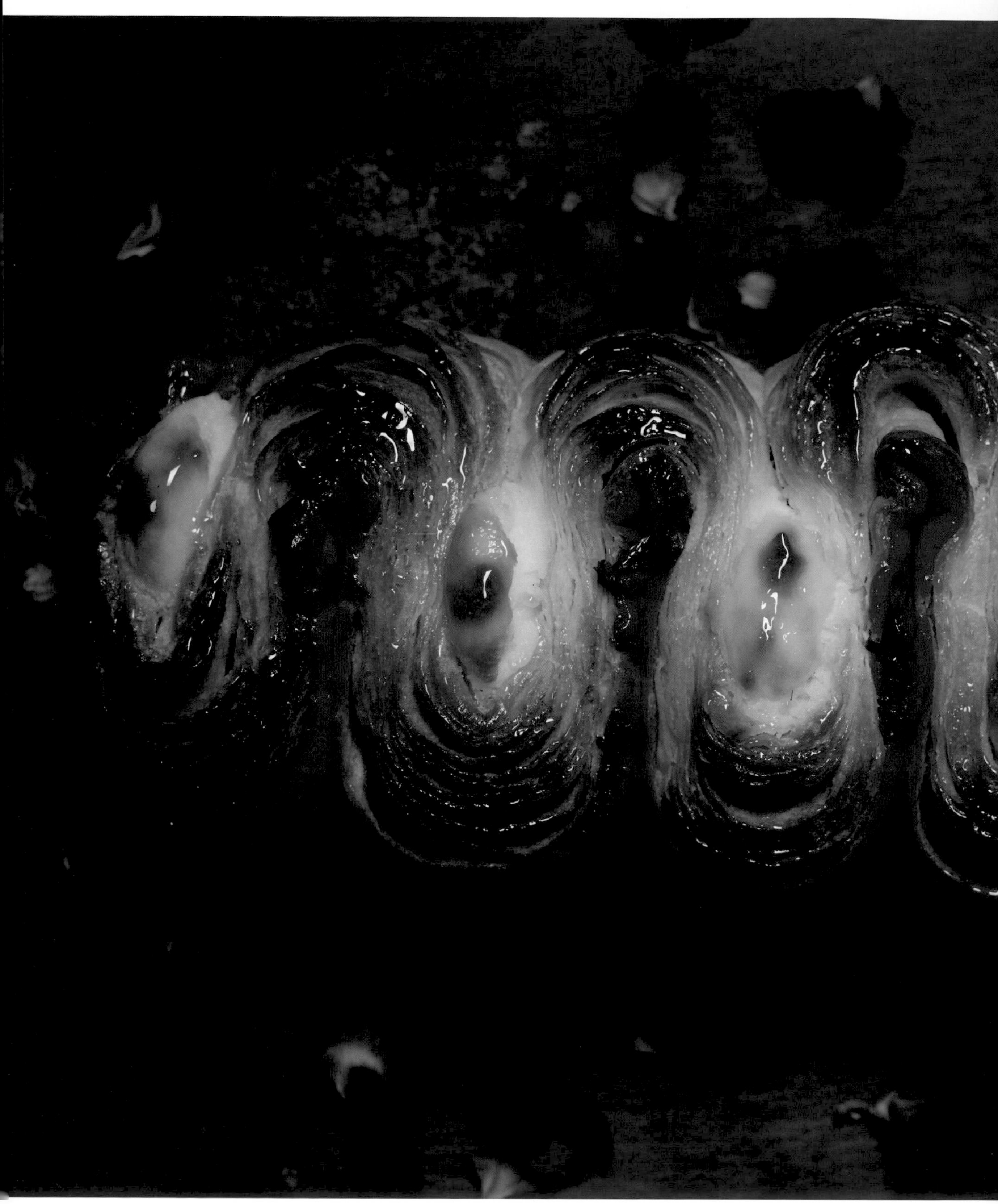

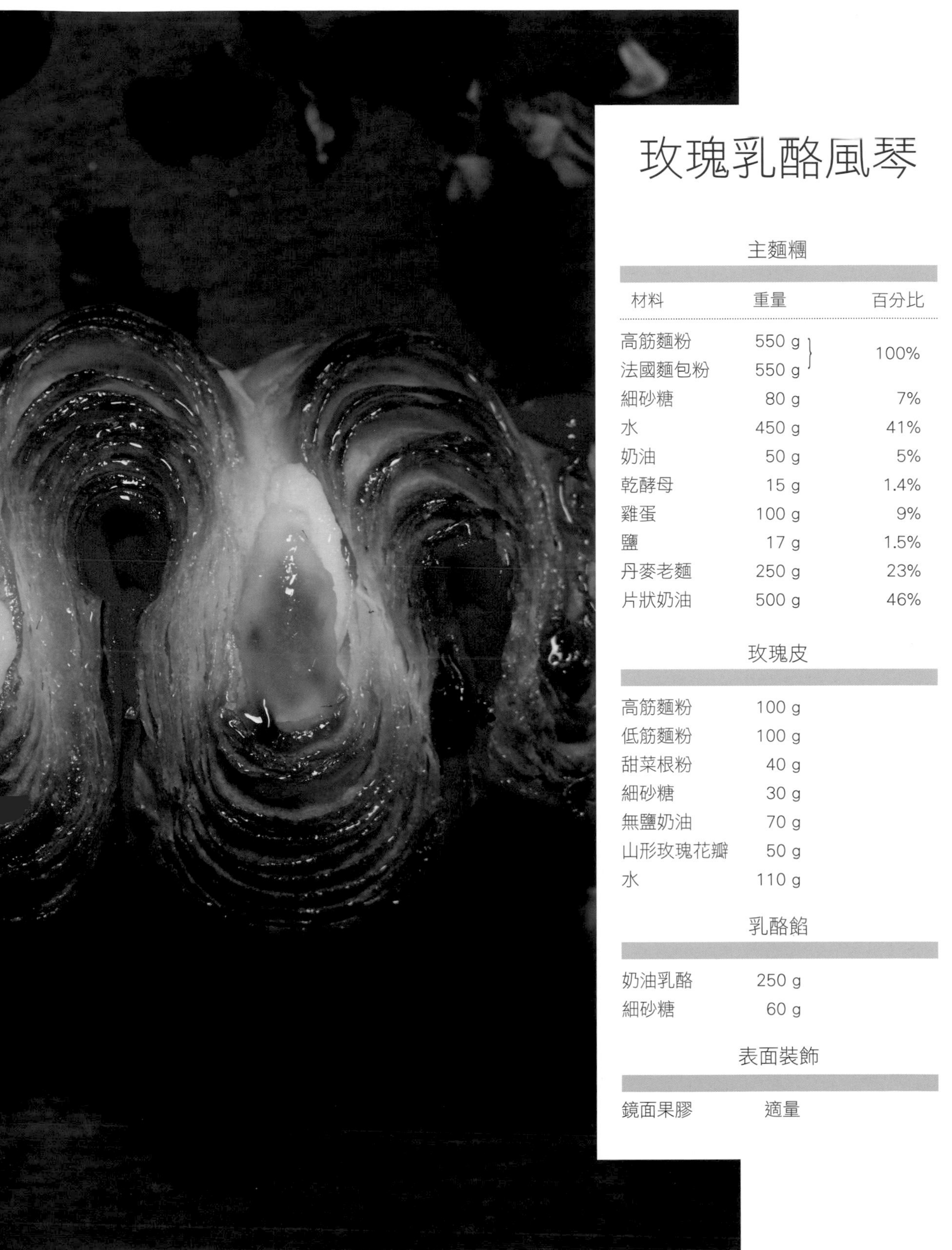

玫瑰乳酪風琴

主麵糰

材料	重量	百分比
高筋麵粉	550 g	100%
法國麵包粉	550 g	
細砂糖	80 g	7%
水	450 g	41%
奶油	50 g	5%
乾酵母	15 g	1.4%
雞蛋	100 g	9%
鹽	17 g	1.5%
丹麥老麵	250 g	23%
片狀奶油	500 g	46%

玫瑰皮

材料	重量
高筋麵粉	100 g
低筋麵粉	100 g
甜菜根粉	40 g
細砂糖	30 g
無鹽奶油	70 g
山形玫瑰花瓣	50 g
水	110 g

乳酪餡

材料	重量
奶油乳酪	250 g
細砂糖	60 g

表面裝飾

材料	重量
鏡面果膠	適量

製作步驟

1. 乳酪餡製作：將所有材拌均勻冷藏備用。
2. 玫瑰皮製作：除了山形玫瑰花瓣以外，其餘材料攪拌至麵糰呈光滑面，最後與山形玫瑰花瓣混合攪拌均勻，室溫醒麵 1 小時備用。
3. 將所有材料倒入攪拌缸攪拌至 6 ～ 7 分麵筋，室溫基本發酵 30 分鐘，壓平冰入冷凍或 1 度冷藏 12 小時備用。
4. 丹麥麵糰製作：乾酵母先與水預溶，再將剩餘材料倒入攪拌缸攪拌至 6 ～ 7 分麵筋，室溫基本發酵 30 分鐘，壓平冰入冷凍備用或 1 小時後使用。
5. 丹麥麵糰裹入油後以 3 折 1 次、4 折 1 次方式折疊（每折疊完後進行冷藏鬆弛 30 分鐘再進行下一次壓延），丹麥麵糰先壓延整型成 30 x 30 公分，丹麥麵糰表面用毛刷沾水濕潤後，將玫瑰皮貼覆上去直接開酥壓延至厚度 0.3 公分，裁切 4 x 30 公分長條用 S 型方式對折，對折缺口處朝上、中間擠入適量乳酪餡，放入長型烤模最後發酵。
6. 最後發酵溫度 28 度、120 分鐘，體積為原來 1 倍大即可烤焙。
7. 表面刷上蛋液以上火 170 度、下火 210 度烤 35 分鐘。
8. 出爐冷卻刷上鏡面果膠裝飾。

麵糰折疊步驟

1 裁切好丹麥麵糰、吐司烤模工作檯準備。

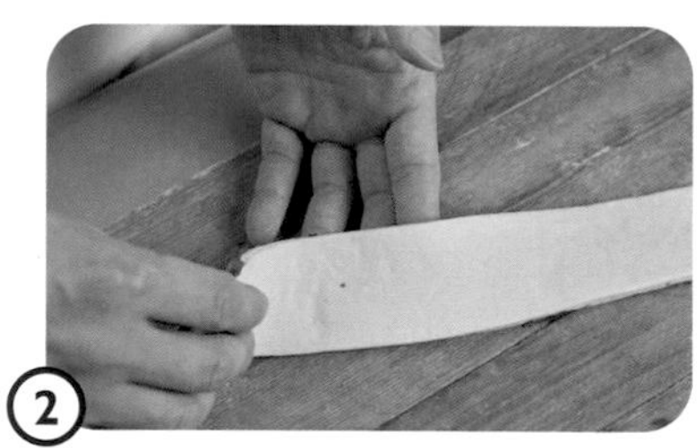

2 拿起丹麥麵糰前端。

3 用S型方式開始對折。

主廚小叮嚀 *Chef's Note:*

風琴丹麥吐司可依照各種烘烤模型呈現方式有所不同，點對點對折的寬度需要均勻對稱、一致性排列，丹麥麵糰所壓延的厚度以對折方式呈現，建議 0.3 至 0.5 公分之間。

麵糰折疊步驟

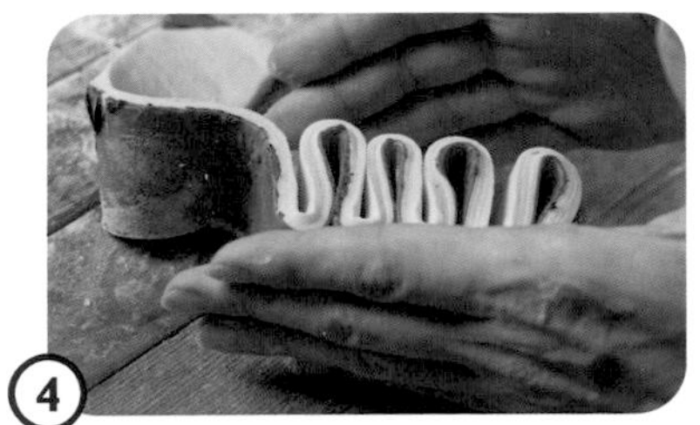

4 對折時一邊注意左右前後長、寬度是否對稱一致。

5 麵糰對折至末端紅色表面朝外收尾。

6 放入長型吐司烤模。

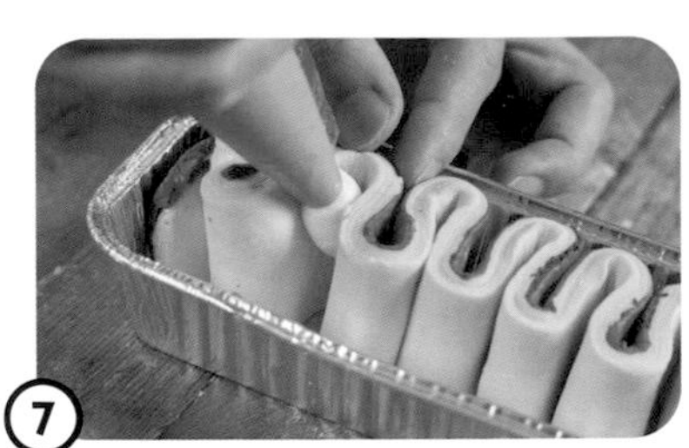

7 將適量奶油起士擠入麵糰對折處。

8 每個對折處均勻擠入適量奶油起士。

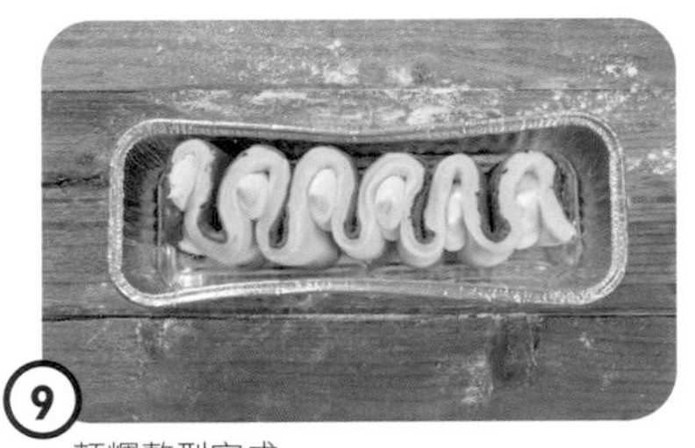

9 麵糰整型完成。

聖代

製作步驟

1. 丹麥麵糰製作：乾酵母先與水預溶，再將剩餘材料倒入攪拌缸攪拌至 6 ～ 7 分麵筋，室溫基本發酵 30 分鐘，壓平冰入冷凍備用或 1 小時後使用。
2. 丹麥麵糰裹入油後以 3 折 1 次、4 折 1 次方式折疊（每折疊完後進行冷藏鬆弛 30 分鐘再進行下一次壓延），丹麥麵糰取出後直接開酥壓延至厚度 0.5 公分，再裁切 2.5 x 40 公分長條，取一端對折 8 公分、另一端做旋扭以順時針方向捆綁，尾端收口壓合捏緊，放入布丁杯最後發酵。
3. 最後發酵溫度 28 度、90 分鐘，體積為原來 1 倍大即可烤焙。
4. 表面刷蛋液以上火 190 度、下火 210 度烤 20 分鐘。
5. 出爐冷卻用擠花袋將抹茶奶油乳酪適量灌入丹麥麵包中心，依序先撒上防潮糖粉，用花嘴將抹茶奶油乳酪做表面裝飾，表面適量淋上草莓醬，中心放上 1 顆新鮮草莓、刷上鏡面果膠。

主麵糰

材料	重量	百分比
高筋麵粉	550 g	100%
法國麵粉	550 g	
細砂糖	80 g	7%
水	450 g	41%
奶油	50 g	5%
乾酵母	15 g	1.4%
雞蛋	100 g	9%
鹽	17 g	1.5%
法國老麵	250 g	23%
片狀奶油	500 g	46%

裝飾餡料

抹茶奶油乳酪	適量
新鮮草莓	1 顆
草莓果泥	適量
防潮糖粉	適量
鏡面果膠	適量

主廚小叮嚀 *Chef's Note:*

抹茶奶油乳酪：將適量抹茶粉及細砂糖混合攪拌均勻，丹麥聖代麵包體烘烤完成以調理方式呈現，內裡餡料及表面裝飾物可依個人喜好調整更換為鮮奶油、卡士達醬、各式新鮮水果等。

麵糰折疊步驟

1 裁切好長條丹麥麵糰、布丁杯烤模工作檯準備。

2 麵糰前端對折壓平。

3 另一端麵糰用旋扭方式整型。

4 旋扭至麵糰稍為有緊實度即可。

麵糰折疊步驟

5 拿起麵糰捏著對折處開始以順時針方式綁起麵糰。

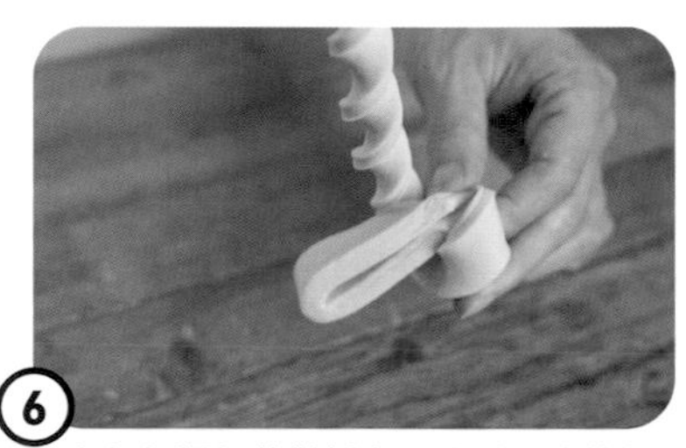
6 拿起麵糰捏著對折處開始以順時針方式綁起麵糰。

7 收綁時貼緊麵糰對折部分。

8 末端收口塞入對折處。

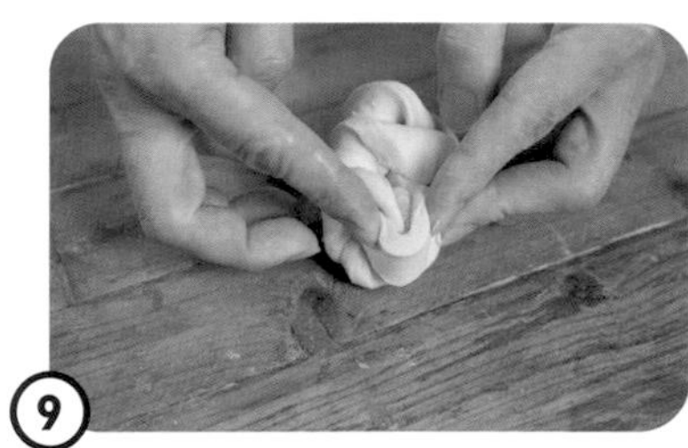
9 末端收口捏合壓緊。

10 麵糰整型完成。

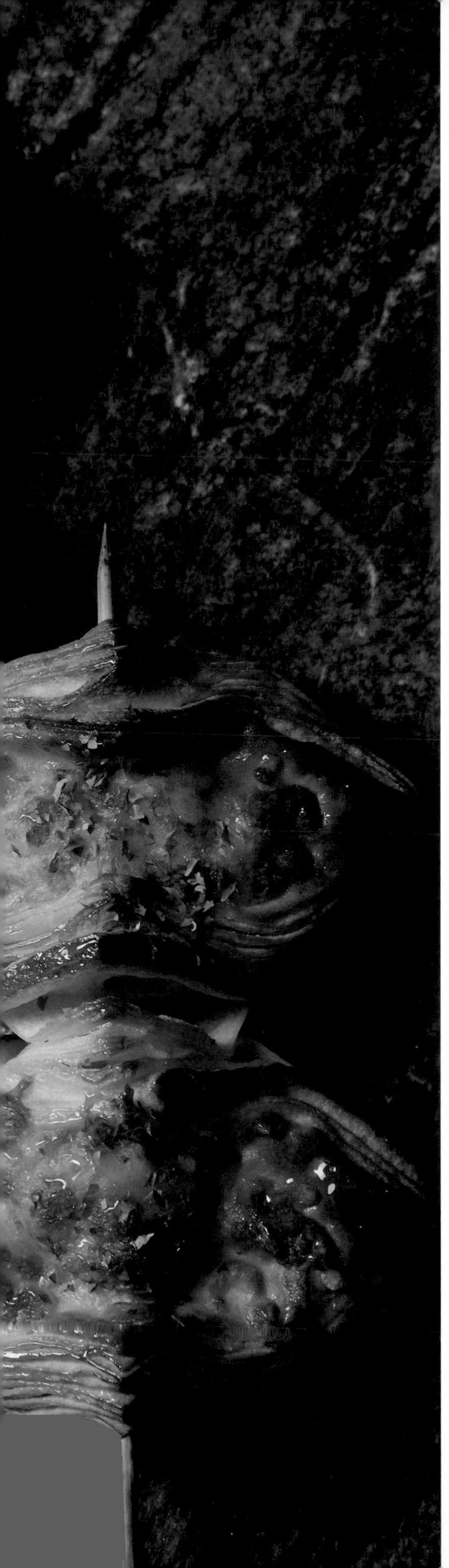

丹麥串烤香腸

主麵糰

材料	重量	百分比
高筋麵粉	550 g	100%
法國麵粉	550 g	
細砂糖	80 g	7%
水	450 g	41%
奶油	50 g	5%
乾酵母	15 g	1.4%
雞蛋	100 g	9%
鹽	17 g	1.5%
法國老麵	250 g	23%
片狀奶油	500 g	46%

內餡

香腸切片（烤熟）適量

表面裝飾

披薩乳酪絲	適量
鏡面果膠	適量
海苔粉	適量

製作步驟

1. 丹麥麵糰製作：乾酵母先與水預溶，再將剩餘材料倒入攪拌缸攪拌至 6 ～ 7 分麵筋，室溫基本發酵 30 分鐘，壓平冰入冷凍備用或 1 小時後使用。

2. 可頌麵糰裹入油後以 3 折 1 次、4 折 1 次方式折疊（每折疊完後進行冷藏鬆弛 30 分鐘再進行下一次壓延），壓至厚度 0.5 公分裁切 7 x 7 公分之正方型，先將香腸片放在丹麥片斜對角，正中間用竹籤串起 2 片擺盤最後發酵。

3. 最後發酵溫度 28 度、80 分鐘，體積為原來 1 倍大即可烤焙。

4. 烤焙條件：表面舖適量披薩乳酪絲，以上火 210 度、下火 200 度烤 18 分鐘，出爐表面刷鏡面果膠、撒上海苔粉點綴裝飾。

主廚小叮嚀 *Chef's Note:*

串麵包及內餡時需保持在正中心點，一個串好再接一個，成品才不會有高低不平的形狀。

麵糰折疊步驟

切好丹麥麵糰、香腸切片、竹籤於工作檯準備。

將香腸片擺放至中間，取麵糰菱角處與香腸一起穿插。

串麵包及內餡時需保持在正中心點，形狀才不會高低不平。

依序動作穿插第二片麵糰即完成。

丹麥抹茶杏仁蛋糕花

主麵糰

材料	重量	百分比
高筋麵粉	550 g	100%
法國麵粉	550 g	
細砂糖	80 g	7%
水	450 g	41%
奶油	50 g	5%
乾酵母	15 g	1.4%
雞蛋	100 g	9%
鹽	17 g	1.5%
丹麥老麵	250 g	23%
片狀奶油	500 g	46%

抹茶杏仁蛋糕

材料	重量
低筋麵粉	50 g
糖粉	200 g
杏仁粉	200 g
抹茶粉	10 g
泡打粉	2 g
雞蛋	250 g
蛋白	170 g
細砂糖	70 g
溶化奶油	40 g

表面裝飾

材料	重量
草莓果醬	適量

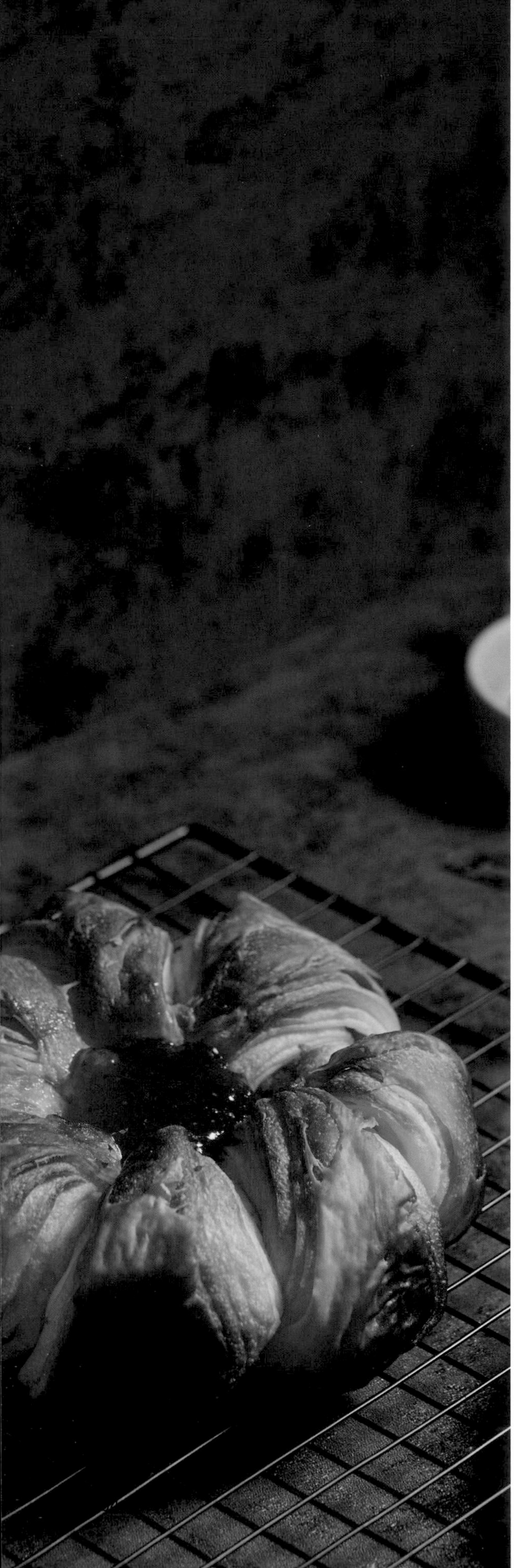

製作步驟

1. 抹茶杏仁蛋糕製作：低筋麵粉、糖粉過篩後加入抹茶粉、杏仁粉、泡打粉、雞蛋攪拌成麵糊備用，蛋白與細砂糖攪拌至濕性發泡與麵糊混合均勻，最後倒入溶化奶油攪拌均勻，麵糊裝入擠花袋、灌入甜甜圈蛋糕模烘烤。

2. 抹茶杏仁蛋糕烤焙條件：上火 190 度、下火 200 度烤 15 分鐘至熟成，出爐脫模冷卻備用。

3. 丹麥麵糰製作：乾酵母先與水預溶，再將剩餘材料倒入攪拌缸攪拌至 6 ～ 7 分麵筋，室溫基本發酵 30 分鐘，壓平冰入冷凍備用或 1 小時後使用。

4. 可頌麵糰裹入油後以 3 折 1 次、4 折 1 次方式折疊（每折疊完後進行冷藏鬆弛 30 分鐘，再進行下一次壓延），壓至厚度 0.3 公分，用 6 吋慕斯框裁切成圓片，再用造形片劃 8 刀做造型，丹麥圓片中間放抹茶杏仁蛋糕，將花瓣尖端依順時針方向往中間輕輕壓合，放入 6 吋蛋糕模最後發酵。

5. 最後發酵溫度 28 度、90 分鐘，體積為原來 1 倍大即可烤焙。

6. 烤焙條件：表面刷蛋液，中間擠草莓果醬，以上火 170 度、下火 210 度烤 30 分鐘。

主廚小叮嚀 *Chef's Note:*

抹茶杏仁蛋糕體與戚風蛋糕做法類似，先將蛋白打發至勾起有尖尾狀，即可進行麵糊混合，包覆的蛋糕體依照麵包體裁切的大小自由調整。

麵糰折疊步驟

① 用 6 吋慕斯框壓出圓片狀丹麥麵糰。

② 造型塑膠卡割劃出造型。

③ 造型塑膠卡割劃出造型完成。

④ 將抹茶杏仁蛋糕擺放在麵糰中間。

⑤ 取麵糰尖端依順時針方向壓入中心點。

⑥ 麵糰整型完成。

國家圖書館出版品預行編目 (CIP) 資料

烘焙職人解構 40 款經典麵包美味技法 :
吐司 × 貝果 × 可頌 × 丹麥配方公開 ,
輕鬆做出創意風味麵包 / 鍾瀚億作
-- 初版 . -- 臺北市 : 臺灣東販股份有限公司 , 2022.12
160 面 ; 19×26 公分

ISBN 978-626-329-501-8(平裝)
1.CST：點心食譜 2.CST：麵包

427.16　　111015691

烘焙職人解構 40 款經典麵包美味技法
吐司 × 貝果 × 可頌 × 丹麥配方公開，輕鬆做出創意風味麵包
2022 年 12 月 01 日初版第一刷發行

作　　者	鍾瀚億
責任編輯	王玉瑤
特約主編	何芃穎
封面設計	謝捲子
特約美編	蔡國策
攝　影	李政翰
發 行 人	若森稔雄
發 行 所	台灣東販股份有限公司
	< 地址 > 台北市南京東路 4 段 130 號 2F-1
	< 電話 > (02)2577-8878
	< 傳真 > (02)2577-8896
	< 網址 > http://www.tohan.com.tw
郵撥帳號	1405049-4
法律顧問	蕭雄淋律師
總經銷	聯合發行股份有限公司
	< 電話 > (02)2917-8022

著作權所有，禁止翻印轉載
Printed in Taiwan
本書如有缺頁或裝訂錯誤，請寄回更換（海外地區除外）。